不一样的 **数学故事书**

顾问 义务教育数学课程标准修订组组长

北京师范大学教授 曹一鸣

奇妙数学之旅

传奇部落

四年级适用

主编：王 岚 孙敬彬 禹 芳

华语教学出版社

图书在版编目（CIP）数据

奇妙数学之旅.传奇部落/王岚,孙敬彬,禹芳主编.—北京：
华语教学出版社,2024.9
（不一样的数学故事书）
ISBN 978-7-5138-2532-0

Ⅰ.①奇… Ⅱ.①王… ②孙… ③禹… Ⅲ.①数学—少儿读物
Ⅳ.①O1-49

中国国家版本馆 CIP 数据核字（2023）第 257643 号

奇妙数学之旅·传奇部落

出 版 人	王君校
主 　 编	王 岚　孙敬彬　禹 芳
责任编辑	徐 林　王 丽
封面设计	曼曼工作室
插 　 图	天津元宇宙设计工作室
排版制作	北京名人时代文化传媒中心
出 　 版	华语教学出版社
社 　 址	北京西城区百万庄大街 24 号
邮政编码	100037
电 　 话	（010）68995871
传 　 真	（010）68326333
网 　 址	www.sinolingua.com.cn
电子信箱	fxb@sinolingua.com.cn
印 　 刷	河北鑫玉鸿程印刷有限公司
经 　 销	全国新华书店
开 　 本	16 开（710×1000）
字 　 数	99（千）　8.25 印张
版 　 次	2024 年 9 月第 1 版第 1 次印刷
标准书号	ISBN 978-7-5138-2532-0
定 　 价	30.00 元

（图书如有印刷、装订错误，请与出版社发行部联系调换。联系电话：010-68995871、010-68996820）

写给孩子的话

　　学好数学对于学生而言有多方面的重要意义。数学学习是中小学生学生生活、成长过程中的一个重要组成部分。可能对很多人来说，学习数学最主要的动力是希望在中考时有一个好的数学成绩，从而考入重点高中，进而考上理想的大学，最终实现"知识改变命运"的目的。因此为了提高考试成绩的"应试教育"大行其道。数学无用、无趣，甚至被视为升学道路上"拦路虎"的恶名也就在一定范围、某种程度上产生了。

　　但社会上同样也广为认同数学对发展思维、提升解决问题的能力具有不可替代的作用，是科学、技术、工程、经济、日常生活等领域必不可少的工具。因此，无论是为了升学还是职业发展，学好数学都是一个明智的选择。但要真正实现学好数学这一目标，并不是一件很容易做到的事情。如果一个人对数学不感兴趣，甚至讨厌数学，自然就不会认识到学习数学的好处或价值，以致对数学学习产生负面情绪。适合儿童数学学习心理特点的学习资源的匮乏，在很大程度上是造成上述现象的根源。

　　为了改变这种情况，可以采取多种措施。《奇妙数学之旅》

这套书从儿童数学学习的心理特点出发，选取小精灵、巫婆、小动物等陪同小朋友一起学数学。通过讲故事的形式，让小朋友在轻松愉快的童话世界中，去理解数学知识，学会数学思考并尝试解决数学问题。在阅读与思考中提高学习数学的兴趣，不知不觉地体验到数学的有趣，轻松愉快地学数学，减少对数学的恐惧和焦虑，从而更加积极主动地学习数学。喜欢听童话故事，是儿童的天性。这套书将数学知识故事化，将数学概念和问题嵌入故事情境中，以此来增强学习的趣味性和实用性，激发小朋友的好奇心和想象力，使他们对数学产生兴趣。当孩子们对故事中的情节感兴趣时，也就愿意去了解和解决故事中的数学问题，进而将抽象的数学概念与自己的日常生活经验联系起来，甚至可以了解到数学是如何在现实世界中产生和应用的。

大中小学数学国家教材建设重点研究基地主任
北京师范大学数学科学学院二级教授

人物名片

小罗庚

　　数学小天才，勤奋好学有天赋，遇事爱动脑筋思考。他在暑假期间到北京参加数学夏令营，其间误入神秘部落，经历了一系列故事。

圆宝

　　小罗庚误入阿拉格部落后结识的第一个朋友。她是一个做事认真的小姑娘，对数学非常感兴趣，在小罗庚刚到阿拉格部落时帮助过他。

阿利

　　圆宝的弟弟，总跟姐姐形影不离，是个贪吃贪睡、心宽体胖的小男孩儿。他非常羡慕部落里的勇士们，想变得和他们一样勇敢。

伊达

　　神秘的阿拉格部落的勇士，忠诚可靠，勤奋好学，也对数学有着非常浓厚的兴趣，在小罗庚来到部落后，跟着小罗庚学到了不少数学知识。

CONTENTS  目录

故事序言

　　小罗庚是班里有名的数学小天才。不管是学校平时的数学考试，还是市里和全国的数学比赛，他都名列前茅。这次，他又要代表中国队去参加第十届世界青少年数学友谊联赛夏令营了。

　　小罗庚一直满怀热情地期待着夏令营开营的日子能早早到来。终于到了这一天，他乘飞机来到了首都北京。到了指定地点后，小罗庚发现参加夏令营的小伙伴来自世界各地，大家正围在一起聊得热火朝天。

　　小罗庚连忙上前介绍自己："大家好！我是小罗庚。我很喜欢数学，希望我们可以一起探讨数学、提高数学水平，在这次夏令营中成为好朋友！"其他小伙伴也开始介绍自己，他们的中文有的说得十分流畅，有的说得磕磕巴巴的，说着说着大家便笑个不停。在这场轻松愉快的介绍中，大家渐渐熟悉起来。

　　在他们互相了解的时候，夏令营的总辅导员来了，他热情地对大家说："欢迎同学们来到北京！今天，我准备带大家先熟悉一下环境。第一站，我们去参观故宫。"这下大伙儿可乐坏了，都拍着手欢呼起来。

　　在总辅导员的带领下，一行人来到了历史悠久的故宫。故宫的建筑群真是太宏伟了，一眼望去震撼人心，而故宫建筑和布局中蕴含的科学，更体现着中国古人的智慧。第一次来到故宫的小罗庚被这里的一切深深吸引着，一边听总辅导员介绍，一边东看看，西瞧

瞧，两只眼睛都不够用了。

　　不知不觉中已到中午时分，大家的肚子都咕咕叫了，两条腿也走得又酸又累，于是便停下来边吃饭边休息。刚

吃了两口汉堡，小罗庚突然觉得肚子有点儿不舒服。"老师，我……我要上厕所。"他难为情地捂着肚子，举手向总辅导员报告。

"好，我带你去。"总辅导员放下手里的东西，准备起身。

小罗庚摆摆手，忙说："不用，不用，我知道厕所在哪儿，刚才咱们过来的时候我看见了。"

得到总辅导员的同意，小罗庚一路小跑向着来时的方向奔去。

凭着记忆，小罗庚没一会儿就找到了厕所。从厕所出来时，他忽然发现不远处的墙边有一条狭窄的小路。"咦，刚才来的时候，好像没看见这条小路啊。"小罗庚往里探了探头，这条小路的入口很窄，只能容得下一个人走进去。

他忍不住好奇地挤进路口，慢慢沿着小路往里走。走了一会儿，小罗庚觉得路旁的小树好像逐渐变得高大浓密了。小罗庚正纳闷儿，突然，一个小亮点朝着他飞过来，小亮点越来越大，越来越亮，突然"嘭"的一下变成一个巨大的光球，将小罗庚的整个身体包了起来。下一秒，小罗庚便和光球一起消失了。

第一章 >

误入森林
——数字编码

不知道过了多久，小罗庚渐渐恢复了意识，但眼前的一切让他目瞪口呆：脚下的小路不见了，两边的树木不见了，故宫也不见了！四周是一片看不到边的森林，受惊的鸟儿扑棱棱飞起来，吓得小罗庚浑身发抖。

"这是什么地方？"小罗庚一边呼唤总辅导员和伙伴们，一边战战兢兢地往前走。森林里空荡荡的，天快黑了，小罗庚一个人影也没看见。更可怕的是，他仿佛进入了一个迷宫，分不清方向，也看不见森林的尽头。

这下子他开始着急了。他非常后悔没让总辅导员陪自己。现在他找不到回去的路，天又越来越黑，总辅导员和伙伴们肯定急坏了！

小罗庚正在思考该怎么办的时候，突然听到了一阵轻快的脚步声。脚步声越来越近，小罗庚转头看见一个可爱的小女孩儿正蹦蹦跳跳地从一片树林中走出来，她后面还跟着一个小男孩儿。

"你们是谁？"小罗庚看着对面的两个人警觉地问。

"我叫圆宝。"小女孩儿好像并不害怕的样子，大大方方地介绍起来，"这是我的弟弟，叫阿利。你呢，你叫什么？你是从哪里来的呀？"

"我……我叫小罗庚，我是去故宫参加夏令营的，可莫名其妙地跑到这里来了。你知道这是什么地方吗？"小罗庚还没问完问题，肚子就咕噜噜地叫了起来。他想起来，自己还没吃午饭呢，刚才又跑了那么久，他的肚子早就饿扁了。

"咕噜噜，咕噜噜——"小罗庚的肚子越叫越大声，圆宝和阿利忍不住咯咯笑起来。

"去我们家吃点儿东西吧，正好今晚我们家要把刚收获的新鲜食材都制作成风干食物，会有很多可以吃的东西呢！"圆宝热情地邀请小罗庚。

小罗庚饿得实在没力气了，想了想恐怕一时半会儿也找不到回去的路，就点点头决定先跟圆宝回家。

三个人边聊天边向树林的另一侧走。

"你们为什么要把新鲜食材都制作成风干食物呀？用新鲜食材做饭不是更好吃吗？"小罗庚想起圆宝刚才的话，不解地问。

"因为我们部落这边……"

"什么？部落？"听到"部落"两个字，小罗庚惊讶地叫起来。

"我们的部落叫阿拉格，是一个很伟大的部落。"阿利用手比画着，"这里就是部落附近的森林，我和圆宝常来玩。"

天哪，上个厕所的工夫怎么来到什么部落了？小罗庚的心里震惊极了，不过既然已经来了，还是先填饱肚子再说吧。

圆宝见小罗庚不说话，接着解释道："我们这边的气候特别不稳定，新鲜食材很容易变质，森林里的果实不采摘的话保存不了多长时间，所以我们只能尽快把新鲜食材都制作成风干食物，这样可以更好地保存。"

小罗庚转头看了看四周的环境，同情地说："那你们的生活肯定很辛苦，每天只能吃风干的食物。"

只见阿利在一旁摇摇头说："不会呀。你不知道，我们有好多种处理食物的方法呢，每一种处理完的食物都很好吃的。"圆宝听到这里，冲小罗庚笑着点点头。

圆宝和阿利带着小罗庚走出森林，来到一个古朴的部落。部落中的房屋是用树枝和茅草搭建的，一眼望过去，每家的门口都堆着许多工具，有些是防寒用的，有些是防暑用的，看起来真的像圆宝说的那样，这里的气候十分不稳定。

圆宝和阿利的家在部落最外面的那一圈，他们的阿爸和阿妈正在院子里忙活呢。看见圆宝和阿利带着一个陌生人回来，圆宝的阿妈停下手里的活儿，边招呼他们过来边问："圆宝，这是你的新朋友吗？给我们介绍一下吧。"

小罗庚率先开口道："叔叔阿姨好，我叫小罗庚，本来是去参加夏令营的，不小心闯到森林里了，迷路的时候遇到了圆宝和阿利。"

圆宝的阿妈一脸疑惑："夏令营？那是什么？"

小罗庚挠挠头，也不知道怎么解释，只能说："就是很多小伙伴一起出去玩，一起学习知识。"

这时，圆宝打断他们："阿妈，小罗庚的肚子都饿扁了，咱们赶快给他弄点儿好吃的吧。"

"去仓库里拿坚果吧，想吃多少就吃多少。"圆宝的阿妈指了指旁边的小房子。

圆宝和阿利拉着小罗庚走向仓库，他们已经迫不及待地要向新朋友炫耀一下自己家的"藏品"了。

当仓库的门打开时，小罗庚顿时呆住了：仓库里堆满了各种各样的坚果，简直就是一座坚果山！

"天哪，这么多坚果，什么时候才能吃完啊！"小罗庚惊讶地张大

了嘴巴。

"天气好的时候，阿妈和阿爸都会去收新鲜坚果，把它们堆到一起风干，就可以保存起来了。"圆宝解释道。

"这就是今天的晚饭吗？"小罗庚看着坚果山，摸了摸自己的肚子。

"没错！等我给你拿已经风干的坚果。"阿利扑通一声跳进坚果山，在里面掏了半天，用衣服包着一大包坚果钻了出来。

"瞧，风干的坚果都压在下面了。"他举着坚果给小罗庚看。

圆宝和阿利把坚果都堆在桌子上，坚果堆发出阵阵香味。圆宝拿起几颗，掰开递给小罗庚："给，你尝尝看，脆脆的，可好吃了！"

小罗庚本来还有点儿不好意思，旁边的阿利毫不客气地拿起一把，麻利地一颗颗剥开，边吃边说着："真好吃！"小罗庚看得直流口水，也顾不上那么多了，抓起一把，一颗颗剥开往嘴里塞着。

可是吃着吃着，小罗庚吃到了一颗坏坚果，赶紧皱着眉吐出来：

"呸呸呸，好苦，怎么有坏坚果呀？"

这时，圆宝的阿妈刚好走进来，便解释道："我们只有一个盛放坚果的仓库，只能把采来的坚果堆放在一起，有些坚果存放时间太长，就坏掉了。"

"是啊，"随后进来的圆宝的阿爸点着头，"我们一直在寻找储存坚果的最佳方法，但还没有找到呢。"

"吃变质的食物会生病的。而且你们把所有的坚果都堆在一起，根本没办法区分出它们的储存时间。得想一个好办法，把坚果分别储存。"小罗庚歪着脑袋想办法，圆宝和阿利用手托着下巴，目不转睛地看着他。

"有了！"小罗庚灵机一动，"你们可以给每批坚果都制作一个身份证，在每个**身份证**上设置一个**数字编码**，这样不同批次的坚果就能很好地区分开了。"

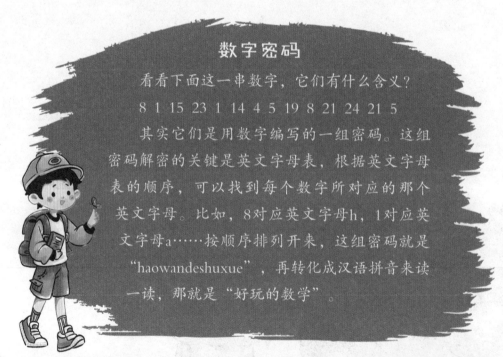

数字密码

看看下面这一串数字，它们有什么含义？

8 1 15 23 1 14 4 5 19 8 21 24 21 5

其实它们是用数字编写的一组密码。这组密码解密的关键是英文字母表，根据英文字母表的顺序，可以找到每个数字所对应的那个英文字母。比如，8对应英文字母h，1对应英文字母a……按顺序排列开来，这组密码就是"haowandeshuxue"，再转化成汉语拼音来读一读，那就是"好玩的数学"。

"身份证？数字编码？都是些什么东西呀？"圆宝一家好奇地看着小罗庚。

小罗庚取出随身携带的身份证。"这就是我的**身份证**，"他指了指身份证上最下面的**一串数字**，"你们知道这串数字是什么意思吗？"圆宝一家迷茫地摇了摇头。

小罗庚指着那一串数字说："这串数字中，前面的六位数字是**地址码**，表示地域；中间的八位数字是**出生日期码**；倒数第二位数字是**性别码**，代表男或女，奇数是男，偶数是女；性别码和它前面的两位都是**顺序码**，最后是一位**校验码**，顺序码前两个数字和校验码的数字是随机的。"

"原来这一串数字里面有这么多的学问呢！"圆宝刚说完突然反应过来，又惊喜地问，"啊，你的意思是不是让我们给坚果也编一串这样的数字，用来记录储存坚果的时间？"

"对，其实很简单。你们可以把仓库隔成不同的区域，每个区域

放不同批次的坚果，然后给每个区域编一个**数字编码**，这个数字编码可以对应采坚果的**时间**或储存坚果的**时间**，也可以对应储存的**批次**等，这样不同批次的坚果就不会混在一起了。吃的时候，最好先吃存放时间久的那些坚果。并且你们隔一段时间就按照坚果的批次去检查一下，发现变质的坚果就及时处理。这样不就**方便你们管理**了吗？"说完，小罗庚举了一个例子，大家马上就看懂了。

> 生产日期：20240105　　批次：2024-045

圆宝用闪着亮光的眼睛看向小罗庚，赞叹道："你可真聪明！有了数字编码，以后我们再也不会吃到变质的坚果，也不用每次都钻到坚果山里面去了。"

"我也要变得像小罗庚一样聪明！"阿利举着双手叫起来。

圆宝的阿爸和阿妈也不停地夸赞小罗庚，小罗庚害羞得满脸通红，但心里高兴极了。

数学小博士

名师视频课

　　小罗庚在参观故宫的时候，被一条神秘的小路吸引，走进去后突然来到了一片奇怪的森林，在这里他结识了两个朋友——圆宝和阿利。在圆宝家做客时，小罗庚利用自己丰富的数学知识，帮助圆宝一家解决了生活中的小麻烦。

　　从小罗庚的这段经历我们可以发现，"数字编码"其实与我们的生活息息相关，而且用途非常广泛。日常生活中常见的数字编码有很多，比如我们的身份证号、银行卡号、商品编号、职工编号、手机号、学号、车牌号……数字编码有很强的抗干扰能力，能让生活中很多的"无序"变得"有序"。

　　了解了数字编码的知识，我们就可以像小罗庚一样用它解决生活中的一些实际问题了。

　　和小罗庚一起学数学，是不是很有趣？

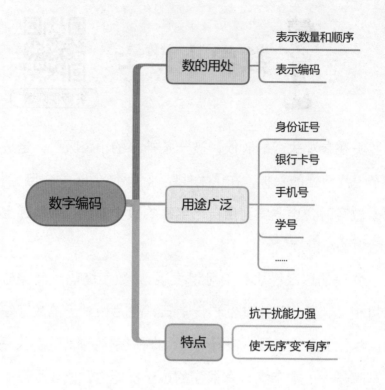

数字编码

- 数的用处
  - 表示数量和顺序
  - 表示编码
- 用途广泛
  - 身份证号
  - 银行卡号
  - 手机号
  - 学号
  - ……
- 特点
  - 抗干扰能力强
  - 使"无序"变"有序"

智慧加油站

大家吃饱喝足，坐在餐桌前说话，话题又回到刚才小罗庚说的数字编码上。看圆宝和阿利这么感兴趣，小罗庚便说："那我来考考你们吧！你们敢不敢接受挑战？"圆宝和阿利互相看了一眼，异口同声道："当然！"

于是小罗庚列出几串数字，说道："这四串数字是我的爸爸、妈妈、爷爷和奶奶四个人的身份证号码，你们能猜出来每个号码分别是谁的吗？"

420921198003290412

420921195801120405

420921195506073317

420921198209280161

圆宝和阿利看着这些数字陷入了沉思。你可以帮帮他们吗？

根据小罗庚所讲的，我们可以知道：身份证号的前六位数字是地址码，表示这个人所在的区域；中间八位数字是出生日期码，表示出生的年月日；倒数第二位数字是性别码，能通过数字来判断性别。

知道了这些知识，区分这四个人的身份证号码就很简单了。可以先看出生日期，爷爷和奶奶的年龄比较大，出生年份要比爸爸和妈妈的出生年份早；然后通过倒数第二个数字来判断性别，奇数是男，偶数是女。所以这四个人对应的号码分别是：

爷爷：420921195506073317

奶奶：420921195801120405

爸爸：420921198003290412

妈妈：420921198209280161

圆宝和阿利通过回忆小罗庚的话，很快说出了正确答案，相信这道题也一定难不倒你。解出来之后给自己点个赞吧！

第二章

巧分木柴

——除数是两位数的除法

在圆宝家度过了一个晚上，第二天一大早，小罗庚便急着回夏令营。圆宝和阿利不放心小罗庚一个人走，决定和他一起寻找回去的路。

"前面不远处有个集市，那里的人都见多识广，我和阿利先过去打听一下。你在这里等我们一会儿。"圆宝和阿利加快了脚步朝集市的方向走去，小罗庚则走到部落的大门口等他们。大门口立着一块石碑，上面写着"阿拉格部落"几个字。

"伊达，看，有陌生人。"部落里有人看见小罗庚站在大门口，惊讶极了。

"你快去告诉酋长，说有个陌生人鬼鬼祟祟地在大门外探头探脑，可能是敌方部落的奸细。我去拦住他！"那个叫伊达的人说。

"嗯，我马上就去。"跟伊达一起的伙伴说完就慌忙跑去报告。

"你是什么人？是哪个部落派来的？来我们这儿干吗？"伊达跳到小罗庚面前，一连问了一串问题。

突然有人冒出来挡在面前，又气势汹汹地问话，小罗庚被吓了一跳。"你好，我是从森林外面来的，不小心迷路了才来到这里的。"小罗庚有礼貌地答道。

"你这个借口也太假了！别以为我不知道，你肯定是敌方部落派来

的奸细，你们看我们部落小，想吞并我们部落。"

小罗庚哪想到事情会这样，立刻想跟伊达解释清楚。但他话还没说出口，就见伊达大手一挥："别找借口了，你说什么我都不会信的。既然来了，那你就别走了！"

这时，圆宝和阿利从集市那边回来了，发现情况不对赶紧上前解

释："伊达，他是我们请来的客人。"

"你们一定是被这个奸细骗了！"伊达根本就听不进去，咬牙切齿地说。

正说着，刚才去报信的那个人带着几个族人回来了："伊达，他是

什么人？"

　　"他的身份非常可疑，把他带走，听酋长发落吧！"伊达命令道。

　　就这样，小罗庚还来不及说话，就被几个大汉架走了。圆宝和阿利在后面看着，急得不行，但他们怎么解释也没用。突然，两人好像想到了什么，急忙往另一个方向跑去。

　　这时候，小罗庚被带到了部落深处。这其实是一个不大的部落，只走了这一段路他就看出了部落的整体规模：在这片森林的中间分散

着大大小小三四十个蘑菇包，说是蘑菇包，其实就是一个个用树枝做成支架，而上面铺满稻草的草屋。这些草屋就是部落人的住所了。

虽然是第一次见这种部落，但小罗庚没心情欣赏这里的风景，因为他被当成奸细抓起来了，还不知道会遭到什么样的折磨呢。小罗庚有点儿害怕，眼泪已经在眼睛里打转了，但是他使劲忍着，在心里安慰自己：别急，不会有事的，他们不会这么不讲道理的……

正想着，一个洪亮的声音突然响起："酋长，我们回来啦！今天真是轻松，没使多少力气就弄到了这么多木柴！"

小罗庚顺着声音看去，发现一群身强体壮的男人，正拉着几大车树枝往这边走。酋长闻声从一个大号的蘑菇包里走出来，看见这些人拉了这么多木柴回来，也显得很高兴。

"格瑞，今天怎么打了这么多木柴？"酋长笑着问道。

"昨天刮了场大风，吹倒了不少树，所以今天没使什么力气就拉回来这么多木柴。总共是 **217 捆**。"为首的一个大汉乐呵呵地说。

"太好了，这么多木柴够部落里的人用一段时间了。这可是大家取暖和照明的东西啊！只是这么多木柴，怎样才能**平均分配**呢？"对于阿拉格部落的人来说，体力活儿是最简单的，可是做这种计算题，比登天还难。酋长皱着眉想了想，无奈地说："还是让每户来一个人，一捆捆地领吧。"

这时候酋长注意到了被押在一旁的小罗庚，问道："这个陌生人就是你们新抓获的奸细吗？"

"是的，酋长。我见他在我们部落外面鬼鬼祟祟的，肯定是奸细，就把他抓过来了。您看要怎么处置他？"伊达回答道。

"老规矩，把他打发到大仓库去做苦力吧。正巧咱们刚收获了不少木柴，处理它们也需要人力呢。"

"喂！我不是奸细，我只是一个小孩儿，你们太不讲理了！"小罗庚大喊大叫，使劲扭动着身体，想从大汉的手中挣脱出来。但抓着他的手像大钳子一样，把他抓得更紧了。

酋长朝大汉挥挥手，大汉就像拎起小猫小狗似的，把小罗庚拎起来转身就走。小罗庚急中生智，想到刚才酋长说的话，连忙大声喊："像你们那样一捆捆地分配木柴，恐怕要分到猴年马月。我现在就能告诉你们每户应该分到多少木柴！"

那些人听了，嗤笑道："这种计算题连我们这里年纪最长、学

识最渊博的酋长都很头疼，你这个不知从哪儿冒出来的毛头小子能知道？别说大话了！"大家都用一种不相信的眼神看着小罗庚。

小罗庚赶紧说："我当然知道。你们让我试试，如果我分错了，你们再惩罚我也不迟。但是如果我分对了，你们就得放了我，听我解释。"

酋长想了想，说："那就让他试试吧，反正他在咱们眼皮子底下，肯定跑不了。"

大汉把小罗庚放到地上，小罗庚活动了一下肩膀，问酋长："请问这些木柴要分给多少户人家呢？"

"31 户。"酋长回答说。

只见小罗庚捡起一颗小石子，蹲在地上，嘴里念叨着："这个问题，就是**把 217 平均分成 31 份**，求每份是多少，可以用'**总数 ÷ 份数 = 每份数**'来算。"小罗庚快速在脑子里列出了算式"217÷31"，紧接着，他在地上写了一个大家都没见过的式子：

伊达走上前来好奇地问："你在画什么？"

小罗庚指了指地上的竖式，说："这是我们那里的计算方法，是一

个**竖式**。"随后他转过头胸有成竹地告诉酋长："每户分 7 捆，肯定没错！"

酋长吩咐下去，手下的人开始行动起来，让每户人家来领取 7 捆木柴。这时，圆宝和阿利也带着阿爸阿妈赶来了，他们刚要替小罗庚解释，伊达就把他们拉到屋外："先去排队领 7 捆木柴，有什么话一会儿再说。"

不到半个小时的时间，木柴就分发完毕，果真一捆不剩，真是分配均匀呀！酋长脸上露出了满意的笑容。

圆宝的阿爸阿妈领完木柴进到屋里，把小罗庚的来历告诉了酋长。

除法的"商"

为什么把除法的运算结果叫作"商"呢？人们对其缘由，有多种猜测。其中有一种说法是："商"这一名称是由漏箭（漏箭是古代漏壶中的一个部件，上面刻有时辰度数，随着水的沉浮来计时）的刻度引申而来的。漏箭上的度数以百为率，每支漏箭是一百度，每一度都是相等的，等于是把一支漏箭用一百来除，得出的每一度的长度，就叫"商"。所以"商"由漏箭刻度引申来，是平均分的结果，所以用它来当除法计算结果的名称也很合适。

酋长意识到族人们太冲动了，惭愧地对小罗庚说："现在事情已经弄清楚了，你不但不是奸细，而且还帮我们解决了一个大难题，谢谢你！"

"没事，都是误会。"小罗庚揉着胳膊说，"就是胳膊被捏得有点儿疼，你们这里的人力气可真大。"

正说着，伊达脸上挂着笑容凑了过来："小罗庚，你可不可以告诉我们，刚刚你到底是怎么算的呀？"

小罗庚原本想给他们介绍除法，可是这里的人连**乘法口诀**都不知道，又怎么会算除法呢？他想了想，拿起小石头在地上唰唰唰地写起来。一顿忙活之后，呈现在大家面前的，是一个完整的**"九九乘法表"**。

接着，小罗庚介绍起来："我刚才分木柴用的是**除法**，不过要想学会除法，你们得先背熟这个'九九乘法表'。背熟以后，只要把**积转化为被除数，乘数转化为除数和商**就是除法啦！"

伊达还是不太明白，接着问道："这个跟你刚才写的好像不一

样啊。你那个算式是什么意思，又是怎么算出来的呢？"

小罗庚笑了笑，说道："我刚才写的那个是**竖式**，式子中'厂'里面的数就是**被除数**，也就是木柴的总数 217 捆，外面的是**除数**，也就是分发的 31 户人家，两个数字相除就能求出每户应该分多少捆木柴。三位数除以两位数的话，比如 217÷31，我们要先看里面**被除数的百位数和十位数**，如果这两个数位比除数**大**，那么就不需要借位，直接在'厂'上面**对应的位数**上写出答案。但是现在这个被除数的前两位比除数**小**，就需要**向个位借一位**再算，这样就能得出答案是 7。"

伊达仔细盯着竖式，若有所思地摸着下巴。

"除此之外，我们还可以用**'四舍五入法'**来**试商**。"小罗庚补充说。

"'四舍五入法'？试商？"听到两个新名词，伊达好奇地抬起头，瞪着眼睛望向小罗庚。

"就是把**除数**用'四舍五入法'看成一个**接近的整十数**来试着算一个大概的商。除数是两位数的除法其实还是挺复杂的，用'四舍五入法'试商后，有的能一步成功，有的还需要**观察余数和除数的关系**，然后再进一步**调商**。当余数大于除数时，说明商偏小，这时我们就要把商调大 1 再次进行试商计算。"小罗庚在地上竖式的除数上写了个数字，"还是这个算式，我们可以用"四舍"把除数 31 看成 30 来试商，然后看 217 里面最多有几个 30。217 里面大约有 7 个 30，就用 7 先试商。正好 217 可以整除 7，所以商就是 7。"

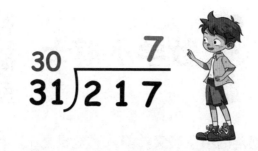

　　伊达摸了摸脑袋，仿佛听懂了，好像又没太听懂，他看着地上的"九九乘法表"和除法算式感叹道："数学好复杂，但是数学又真奇妙啊！"

数学小博士

名师视频课

　　误入神秘部落的小罗庚突然陷入了危机之中。但他凭借自己的聪明才智和数学能力，帮助部落酋长解决了大批木柴的分配问题。

　　这次他遇到的问题是除数是两位数的除法。这类除法我们可以借助以往除数是整十数的经验来解决，也可以用"四舍五入法"试商。

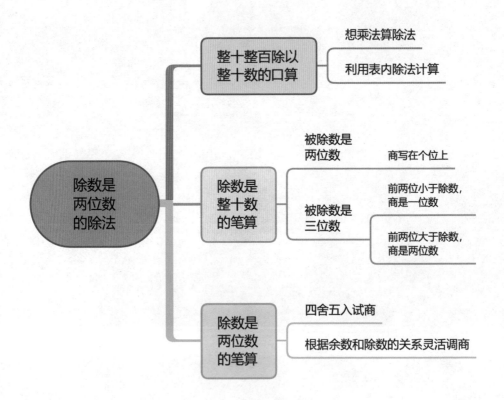

智慧加油站

伊达回过神来，感觉对除法有点儿头绪了，自己也想试试，于是自告奋勇对酋长说："我来试试吧，以后这些问题还是要靠咱们自己解决，总不能老依靠外人吧！"

"嗯，有道理。"酋长想了想点点头，"刚好这几天有个问题得解决，我正在犯难呢。饲养专业户王大伯家养的鸡产了252个蛋，需要平均分给36位老人，你算一下每位老人能分到多少鸡蛋吧。"酋长说完，拍了拍伊达的肩膀。

伊达心想：我一定能算出来！

他先在地上写了个算式"252÷36"，然后又根据刚才小罗庚说的方法，开始一步一步计算答案。

请你来和伊达比一比吧，看看谁算得又快又准确！

温馨小提示

我们来看看这次的问题：252÷36。和之前的算式相比，这里的除数比较大，适合用"五入"来试商，也就是把36看成40来试商。252里面有6个40，这种情况下商是6。但是我们发现，6乘36得出结果是216，还余下36，而余下来的数字刚好就是除数，所以商就需要再加1。36×7正好是252，因此最后的答案是7，也就是每位老人能分到7个鸡蛋。

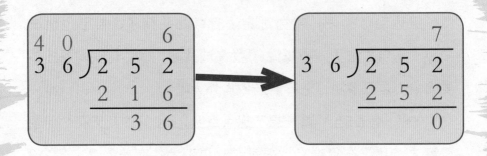

伊达已经算出答案了，你算对了吗?

第三章

五彩火球

——周期规律

小罗庚和阿拉格部落的人解除误会之后，便在部落里暂时住了下来，打算慢慢寻找回去的路。在这段时间里，他得知这片森林里除了阿拉格部落外，还有一个雷特尔部落。

雷特尔部落的势力近年来日趋壮大，他们加紧制造兵器，秘密训练精兵猛将，想要吞并森林里的其他部落，在这里称王称霸。小罗庚来的时候，就是被误会成了雷特尔部落的奸细。

最近，雷特尔部落的军队气势汹汹地在阿拉格部落附近安营扎寨，谋划着攻打阿拉格部落。阿拉格部落的酋长让男人们做好防备，妇女、老人和孩子留在家中。所有人都战战兢兢的，连小罗庚也跟着紧张起来了。

这天夜里，"丁零零——"警报铃突然响起来，原来是雷特尔部落派来的侦查员在跨过部落边界时，被捕兽器夹住了。但当阿拉格部落的人赶到那里时，那人已经被同伴救走了，只留下了一封战书，上面歪歪扭扭地写着几个字："敢接受我们的挑战吗？"

酋长紧紧地把战书捏在手里，向大家说："部落领导们都留下来开会，其他人回去告诉你们的家人，让他们不要担心，按我们之前说的做好准备。"

　　在人们陆续转身走出屋子时，酋长叫住了圆宝的阿爸："让小罗庚一起来开会吧。这孩子足智多谋又有见识，可能会给我们带来帮助。"

　　圆宝的阿爸立刻跑回家，把酋长的话告诉小罗庚，小罗庚二话不说来到酋长的屋子。

　　酋长盯着战书，对大家说："雷特尔部落敢向咱们下战书，说明他们一定有十足的把握。大家得赶快想想应对的办法。"

　　大伙儿交头接耳，议论纷纷，却拿不出一个好主意。酋长对小罗庚说："小罗庚，经过多日来的相处，我们已经把你当成了自己人。你的才能，我们也都佩服得五体投地。这次的事关系到阿拉格部落的生死存亡，你有没有什么好办法？"

　　小罗庚心想，自己原来的生活中最刺激的经历也就是比赛谁跑得快、谁歌唱得好、

谁能做出难题……哪里经历过这种事情呀！但他还是想了想说："我们在明，他们在暗，我们只能先静观其变。"

大家听了都纷纷点头表示认同。随后，酋长吩咐道："伊达，你先去探探雷特尔部落的情况，看他们打算用什么方式来对付我们。"

伊达立刻转身出去了。过了好久，他气喘吁吁地跑回来汇报："他们人不多，但是有一门能射出火球的大炮！"

"大炮？"大家顿时吓得脸色苍白。要是雷特尔部落把火炮射过来，阿拉格部落搞不好就被整个儿毁灭了。

"我们不能坐以待毙，必须主动出击。你们跟我来！"酋长狠狠拍了一下桌子，转身带着部落领导们向大门外走去。

在雷特尔部落驻地跟前，酋长隔空喊道："我接受你们的挑战，但请不要伤害女人、老人和孩子！"

"嗬，挺有担当的嘛！"雷特尔部落的酋长慢悠悠地走出营帐，笑了笑，"挑战其实很简单。你看，这门大炮能接连射出**各种颜色的火球**。等我发射完一拨儿，你来猜我指定的其中 3 个射出的火球的颜色。只要你能说对这 3 个火球的颜色，就算你赢，我们两个部落就化干戈为玉帛，互相永不侵犯。要是说错其中任意一个，我就把大炮对准你们的部落。"

"你一共要射多少个火球？"阿拉格部落的酋长皱着眉问。

"那可不一定，里面的炮弹多得数不清。"雷特尔部落的酋长说完，就在心里打起了小九九：我一口气快速射出一串火球，阿拉格部落的人眼睛都看花了，怎么可能说对其中某个火球的颜色呢！到时候他们被火炮吓怕了，就会乖乖地归顺，这样我不费一兵一卒就能拿下阿拉格部落了。能想到这样的好主意，我真是太聪明了！

阿拉格部落的酋长急坏了："你的大炮能射出那么多火球，速度又快，我怎么可能知道哪个火球是什么颜色！"

小罗庚站在旁边仔细观察那门大炮，发现它旁边放着的那些火球炮弹，都是按照'**红、紫、蓝、黄、绿**'的顺序摆放的。哈！这不就形成了一个'**周期规律**'嘛！他激动地一拍脑门儿，凑到酋长的耳朵旁，悄声说："酋长您让他开炮吧，我不用眼睛看，只用耳朵听，就能知道每一发火炮的颜色。"

酋长见小罗庚这么有信心，又一时没有别的办法，便咬牙大声喊道："我接受挑战，你们开炮吧！"

小罗庚又小声对伊达说："你和我一起数他们一共发射了多少次炮弹。"

伊达不知道小罗庚的葫芦里卖的什么药，但他还是认真地点了点头。

雷特尔部落的酋长一声令下，"砰砰砰"的炮声不止，只见天上依次闪起各种颜色的光：**红、紫、蓝、黄、绿、红、紫、蓝、黄、绿**……大炮发射得很快，小罗庚和伊达一个个数着数字，一直数到了100。

大炮终于停了下来，雷特尔部落的酋长大摇大摆地走上前，提出三个问题："**第1个**火球是什么颜色的？**第6个**火球是什么颜色的？**第47个**火球又是什么颜色的？"

大家一下子都蒙了，唯有小罗庚思索了一会儿从后面探出头来，大声说道："如果我能答对的话，你可要信守诺言哦！"

雷特尔部落的酋长发现说话的是一个小男孩儿，嗤笑了一声，说："只要你能回答对，我马上从这里撤退！"

小罗庚走出人群，胸有成竹地公布答案："第 1 个火球，当然是红色的，眼尖的人都能看到。第 6 个火球也是红色的。第 47 个火球是紫色的。"

雷特尔部落的酋长找来负责记录火炮颜色的士兵，对小罗庚的答案进行核对，结果和小罗庚说的完全一样。

雷特尔部落的酋长难以置信地看着小罗庚："这不可能！你到底是怎么做到的？难道你能过目不忘？"

小罗庚得意地摇摇头："我可没那么大本事，我只是发现这些火球的发射有规律。它们的颜色是按照'**红、紫、蓝、黄、绿**'的顺序**依次重复**出现的，那么我们就可以把这5种颜色的火球**看成一组**。像这样依次重复出现的这组火球，100个火球里面有多少组，就可以这样算：$100 \div 5 = 20$（组）。能**整除**，就说明**最后一个火球**和**第一组最后一个火球**的颜色是**一样**的，而且所有的火球都是这样一组一组排列下去的。所以，不管你问我第几个火球的颜色，我只要用

星期数"撞车"

查看万年历，我们会发现无论哪一年的3月3日和5月5日一定是同一个星期数，仿佛有着奇妙的联系。这是为什么呢？

其实是因为，从3月3日到5月3日正好是经过2个月，3月有31天，4月有30天，一共经过61天；从5月3日到5月5日又经过2天。所以从3月3日到5月5日就是一共经过了63天，而63正好可以被7整除，所以星期就"撞车"了。

总数除以 5 看它有没有余数就行了：如果**没有余数**，那就是像刚才那样，是**第一组最后一个火球的颜色**；如果**有余数**，余数是**几，就是第一组中第几个火球的颜色。**"

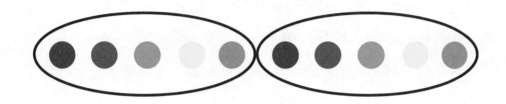

听到这里，雷特尔部落的酋长茅塞顿开，发自内心地佩服小罗庚的才智，忍不住称赞起来："厉害啊！我第一次遇到能又快又准地答出问题的人。"激动过后，他向阿拉格部落的酋长和小罗庚说："我会遵守诺言，以后不会再侵犯你们部落的土地。"

雷特尔部落退兵了。阿拉格部落的人把小罗庚当成了英雄，对他刚才的精彩表现更是佩服得五体投地。大家对他百般称赞，小罗庚红着脸说："其实我只是用了我老师之前教我的关于**周期规律**的知识。"

伊达满脸好奇地问道："什么是周期规律？小罗庚，你也当当老师教教我们吧！"

小罗庚整理了一下思路，对大家说："刚才我说的周期规律，指的就是一种循环。也就是事物在**变化**的时候，经过**一定的时间**后，**出现的顺序**开始变得**一样**，即形成了一种**规律**。那么从一些事物**第一次出现**到这些事物**下一次再出现**之间的这个**变化**，就叫作**周期**。比如一年有四个季节——春夏秋冬，每年的四个季节的排列相同，时间范围差不多，四个季节每年完成一次循环，所以一年就是一个周期。"

伊达听了恍然大悟，激动地说："我知道了！那每年有十二个月，这也是个周期！"

人群里也有人在喊："我们每天吃早饭、午饭、晚饭，这也是个周期！"

"你们学得好快呀！"小罗庚看着兴奋的人群，十分开心能教会大家新的数学知识。

数学小博士

名师视频课

　　小罗庚利用周期规律的知识帮阿拉格部落避免了一场战争，部落里的人对他都无比钦佩。

　　"周期规律"在我们的日常生活中十分常见，比如：一周七天是一个周期，依次排列，下周重复出现；中国传统文化中，十二生肖是一个周期，依次排列，每十二年重复出现；农历中，一年的二十四个节气是一个周期，依次排列，第二年重复出现……只要我们善于观察，生活中就处处都是数学知识。而且掌握了"周期规律"还可以解决生活中很多实际的问题。

　　在判断一些变化着的事物有没有周期时，可以按这样几步来试一试：

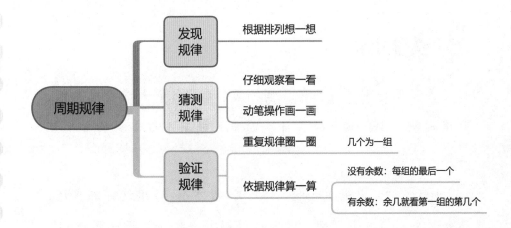

智慧加油站

　　小罗庚准确说出火球的颜色之后，雷特尔部落酋长手下有一位将领很不服气。

　　于是，在军队撤退之后，他悄悄跑回来，再次发出质疑："我不信你真有那么神。你能说出第153个火球是什么颜色的吗？还有，153个球里面有多少个紫色火球？如果你能答出来，我就心服口服。"

　　大伙儿听完都愣住了，这个问题简直比之前的难上好几倍。

　　你知道这个问题该怎么解答吗？你能和小罗庚一起完成雷特尔部落将领的挑战吗？

温馨小提示

　　我们还是把"红、紫、蓝、黄、绿"5个火球看成一组，要想判断第153个火球是什么颜色，就用小罗庚教的方法算一算。

　　153÷5=30（组）……3（个），表示有30组这样的火球，还余3个。第一个问题，我们可以根据余数3判断出第153个火球是第 31 组的第 3 个，所以是蓝色的。第二个问题，我们知道每组有 1 个紫色火球，那么 30 组就有 30 个紫色火球，余下 3 个火球分别是红、紫、蓝三种颜色的火球，所以紫色火球有 30×1+1=31（个）。

你答对了吗？"周期规律"可以把一些看起来很难的问题变得简单，是不是很神奇呢？

第四章

真假图腾

——观察物体

　　这次的事虽然有惊无险，但大家想起来还是有些后怕。酋长舒了一口气，语重心长地说："要是我们部落的图腾在就好了，这样部落就能获得神明的庇护，获得守护的力量，不会被其他部落这么欺负。"

　　看到大家都在叹气，小罗庚奇怪地问："阿拉格部落的图腾在哪儿？不能拿回来吗？"

　　身旁的伊达又叹了口气："我们部落的图腾被布尔达部落夺去了，他们就是不想我们受到庇护，以此让我们不战而降，进而吞并我们。"

　　小罗庚抬头看着他："那想办法把图腾夺回来不就行了？"

　　酋长听了，摇摇头说："这谈何容易啊！我们派人去过好几次，可是每次都失败了。"

　　"图腾关乎部落的安危，你们得再去试试，不能轻易放弃啊！"小罗庚心里也替他们着急。

　　大家被小罗庚的话鼓舞了，争先恐后地请缨："派我去吧！"

　　"这个任务非比寻常，而且前几次的行动已经让他们加强了防守，现在只要我们部落的人一靠近，他们就会察觉。"酋长顾虑重重，满脸都是担忧。

　　小罗庚挺身而出："酋长，让我去试试吧。我不是阿拉格部落的人，又是个小孩儿，他们很可能会放松警惕。而且我在学校练过跑步，跑得可快了！"

酋长非常感激，但也十分放心不下："你说得很有道理，但是你一个人去我不放心，让伊达和蛮锤陪你去吧。一是他们了解布尔达部落的情况，二是必要的时候他们也可以保护你。"小罗庚点点头。于是，酋长叫来了伊达和蛮锤，好好交代了他们一番。

第二天，"索要图腾"小队一行三人出发了。他们悄悄来到布尔达部落附近，看见几个布尔达部落的人搬着两个大箱子走过来，便悄悄地跟了上去。那几个人在山路上绕来绕去，最后走进一个山洞。等他

们出来的时候，手上的箱子不见了。"酋长找到的这个山洞真隐秘，一般人根本找不到，最适合藏东西了。"他们拍拍手上的灰尘，哼着歌离开了。

"图腾一定藏在这个山洞里，进去看看。"小罗庚和伊达、蛮锤悄悄溜进山洞，发现里面黑漆漆的，伸手不见五指。

"再往里走就看不见路啦。"伊达皱着眉头说，"蛮锤，你去找个火把来，看不清路盲目前进很危险，可别掉进陷阱里去。"

"好，我这就去。"蛮锤是一个身材壮硕的汉子，他说完就准备出去寻找火把。

"等等，你们看那是什么。"小罗庚敏锐地注意到不远处靠在墙角的几个木棍状的东西。

他们凑近一看，竟然就是火把。看来布尔达部落的人经常来这儿，为了进出方便，就把火把放在门口的墙角处了。伊达和蛮锤看着细心的小罗庚，对他竖起大拇指。

他们点燃火把继续朝山洞深处走去。在火把微弱的火光下，这蜿蜒曲折的山洞显得特别幽深，山洞的洞壁凹凸不平，特别是山洞的顶部，有些突出的石头好像要掉下来似的。这让从没见识过这些的小罗庚仿佛置身于寻宝电影中，有些害怕，但更多的是一种莫名的刺激感。

"终于走到尽头了，没想到这里面居然还藏着一个这么大的石室！"蛮锤走在前面，先看到了石室。三个人走近一看，石室里竟然堆满了雕像和财宝。

"好多金子啊！发财啦！"蛮锤兴奋得手舞足蹈。

"小点儿声！别把人引过来。"伊达制止了兴奋的蛮锤，继续说道，

“别忘了，我们是来找图腾的。”蛮锤听完这一番话，冷静了下来，开始和伊达一起寻找图腾。

这时在一旁的小罗庚突然说话了，原来他已经埋头找了半天："伊达，蛮锤，你们快来看，是不是这个？"小罗庚回忆起出发前看过的关于图腾的信息，和眼前的这个东西很像。

伊达走近小罗庚，辨认着他手里的东西说："对，这个就是我们部落的图腾！"这时在另一边的蛮锤也说话了："不对吧，这个才是我们部落的图腾吧？"

伊达转身去看，只见蛮锤手上拿着的好像也是他们部落的图腾。他挠挠头，奇怪地说："怎么会这样？这个也跟卷轴上描绘的差不多啊。咦，这边地上怎么还有这么多图腾？"

小罗庚捡起几个图腾看了看："这些图腾的外形乍一看好像一样，但还是有区别的，不完全一样。到底哪个才是真的呢？"

"等我想想卷轴上是怎么写的……"伊达绞尽脑汁回忆着，"我们部落的图腾是一个**不规则的几何体**，**不同的面**分别画有**不同象征意义的图案**：从**前面**看可以看到一个猫头鹰图案，象征智慧；从**上面**看是一个太阳图案，象征温暖；从**右面**看是一个巨人图案，象征勇敢。根据这个线索是不是可以找到真的图腾？"

小罗庚听他这么一说，心里就有数了，这不就是数学课上讲的**"观察物体"**嘛！于是，按照老师教的方法，小罗庚摆弄着图腾："我们先根据图案的方向把图腾**放正**了，这样正对着我们的面就是**前面**，朝上的面就是**上面**，朝右的面就是**右面**。接下来再根据卷轴上写的

话，和图腾上的图案——对比，就能找出真正的图腾了。"

伊达和蛮锤按照小罗庚说的方法，将图腾一个个仔细摆好，再对照卷轴上写的话一个个排除。

忙活了一阵后，他们终于找出了真正的图腾。果然，它从**前面**看是**猫头鹰**，从**右面**看是**巨人**，从**上面**看是**太阳**。

伊达把图腾包好藏在口袋中，轻声说："我们赶紧回去吧，再耽搁下去恐怕要被布尔达部落的人发现了。"说完他便冲在前面领路，带着小罗庚和蛮锤往回走。

巧测金字塔

金字塔是古埃及国王的陵寝。在金字塔建造后的很长一段时间里，一直没有人能测量出它的高度。第一个找到测量金字塔高度方法的人，是古希腊著名的哲学家、数学家和天文学家泰勒斯。他的方法是：在地面上竖直立起一根木棒，当木棒的高度和木棒影子的长度相同的那一时刻，测量金字塔塔底中心到影子尖顶的距离。因为在太阳位置相同的情况下，如果木棒的高度和木棒影子的长度相同，那么金字塔的高度也会和金字塔塔底中心到影子尖顶的距离相同。由此便可测量出金字塔的高度。

　　他们出了山洞，小心翼翼地往阿拉格部落的方向跑去。一路上几个人提心吊胆，绕过了许多守卫，走了一条更远、更荒凉的路，生怕被布尔达部落的人发现。

　　所幸这一路上都十分安全。

数学小博士

名师视频课

三人带着图腾平安归来，大家都来欢迎部落的英雄们。圆宝蹦蹦跳跳地从人群中跑出来，拉着小罗庚问："小罗庚，你们是用什么方法找到真图腾的呀？怎么能找得又快又准确呢？你真是越来越厉害了！"

小罗庚摆摆手，介绍道："其实这是用到了和生活有密切联系的一个数学知识——观察物体。这里面还有不少小秘诀呢，你们看，这是我整理出来的知识导图。"

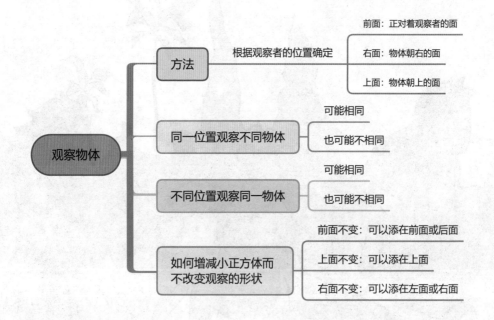

观察物体有很多种不同的方法。善于观察，你就会发现许多事物都有你想象不到的一面哦！快点儿学会观察身边的事物，给自己更多惊喜吧！

看了小罗庚的知识图，大家都似懂非懂的。这时，阿利从圆宝身后走出来，激动地对小罗庚说："我学会怎么观察物体了！"

"真的吗？那我出个题考考你怎么样？"小罗庚笑着看他。

阿利自信地拍拍胸脯："没问题！"

于是，小罗庚从抽屉里拿出几个小正方体，在桌子上摆好，提问道："如果给这个立体图形添一个同样大的小正方体，但要使它从上面看形状不变，有几种摆放方法呢？"

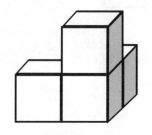

阿利脑子里想着小罗庚的问题，手里不断地摆弄着这几个小正方体，嘴里还不停地嘟囔着。

看来阿利是遇到难题了。那你知道答案吗？请你也来尝试挑战一下吧！

温馨小提示

　　你一共找到了多少种不同的摆法呢？题目要求"从上面看形状不变"，因此我们可以知道，是要从这些立方体的上面进行观察。这个时候，只要不在最底层增加方块，只在已经摆好的底层的基础上，不管增加多少方块，从上面看到的平面图形都会是一样的。

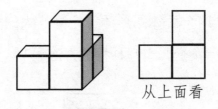

从上面看

　　当然，你也可以通过摆一摆来验证你的想法。下图中所示的是其中三种摆法。

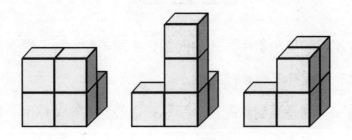

　　你还找到什么摆法了？和你的小伙伴分享一下吧，看看大家摆的是不是都不一样。

第五章 〉

体重超标

——平均数

时光如梭，小罗庚来到这片陌生的土地已经有一段时间了。这会儿他正头枕着双手，躺在柔软的草地上，想着误入森林的那一天，以及这段时间一直在找却没有找到的回去的路。

正想着，圆宝和阿利来了，于是小罗庚请他们一起去森林里，再帮他找找回去的线索。圆宝和阿利正愁没什么事做呢，立刻爽快地答应了。

三个人边说边往森林里走，忽然一个果子从树上掉下来砸在阿利

的肩膀上。阿利平日里最贪吃，看着果子长得诱人，想也没想就拿着啃起来。"哇，好甜的果子！我以前怎么没见过这种果子呢。"阿利边吃边赞叹。小罗庚和圆宝转头一瞧，果子已经被阿利三口两口吃光了。三个人抬头看，树上还有不少果子呢。熟透的果子散发着香甜的气味，仿佛在向他们热情地招手。他们完全被这诱人的果子吸引住了，馋得直流口水，把找线索的事抛到了九霄云外。

"树这么高，我们怎么摘啊？"圆宝舔着嘴唇说。

阿利自告奋勇："我们现在没有工具，只能爬到树上去摘了，还好这些树都不高。我先上！"

看着阿利抱着树干往上爬，小罗庚也来到树下，准备跟着爬。这时，阿利想爬上旁边挂满果子的树枝，他稍稍调整了一下姿势，就听到"咔"的一声，树枝断了。

"啊——"阿利从树上掉了下来，可怜的小罗庚还没来得及躲开，就被阿利压在了身下。

"压、压扁我了……"小罗庚不停地挣扎着。阿利赶紧爬起来去看小罗庚，他圆乎乎的身体还是第一次这么灵活："你还好吧？"

"我的骨头差点儿被你压断了，阿利你该减肥了啊！"小罗庚坐起来，喘了一口气说。

"才不需要减肥呢！我一点儿也不胖！"阿利噘起嘴。

"不胖？你的体重已经远超我们三个人的**平均体重**了。不信你问圆宝，圆宝你多重？"

"我 21 千克。"圆宝回答。

小罗庚点点头："我是 28 千克。阿利你多重？说实话！"他马上指

向阿利。

"我才不会骗人……我、我41千克……"阿利说话的声音渐渐低了下去。

小罗庚听了接着说:"我们三个人的**体重总数**是21+28+41=90(千克),用**体重总数除以人数**就能得到**平均体重**,算式是90÷3=30(千克),所以我们三个人的平均体重就是30千克。你看,你已经超了11千克。"

"那是你们太轻,我才不胖呢!"阿利不服气地辩驳,"再说了,平均数又不是什么标准,比它多点儿又怎么了?"

"平均数代表的是一个团体中较为集中的一个趋

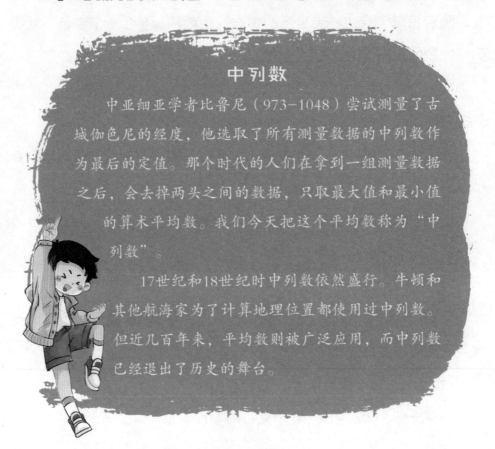

中列数

中亚细亚学者比鲁尼(973-1048)尝试测量了古城伽色尼的经度,他选取了所有测量数据的中列数作为最后的定值。那个时代的人们在拿到一组测量数据之后,会去掉两头之间的数据,只取最大值和最小值的算术平均数。我们今天把这个平均数称为"中列数"。

17世纪和18世纪时中列数依然盛行。牛顿和其他航海家为了计算地理位置都使用过中列数。但近几百年来,平均数则被广泛应用,而中列数已经退出了历史的舞台。

势。你看看，你的体重数已经超过咱们体重的平均数不少了。"小罗庚也不示弱。

阿利还想反驳，圆宝怕他们吵起来，赶紧插话："你们俩说的都有道理。**平均数代表的是一组数的整体水平**，所以个人的数据比平均数大或小都是正常的，而且咱们三个人体重的**平均数也不能作为衡量**一个人体重正常不正常的**标准**。所以，阿利说的也没错。你们就不要再争论这个啦！"

小罗庚和阿利听了圆宝的话，互相看了一眼。小罗庚不好意思地挠挠头："对不起，我不该这么武断地指责阿利体重超标。"阿利吐了吐舌头："没关系，我可能真的有点儿超重了。"大家相视一笑，又开心地爬树摘果子去了。

他们摘了不少香甜多汁的果子，吃饱肚子，又继续在森林里帮小罗庚寻找回去的线索。

数学小博士

名师视频课

虽然小罗庚算出了他们三个人的平均体重，还指出了阿利的体重远超平均数的情况，但是这并不能证明阿利的体重是真的超标的。

平均数一般用在数据的统计上，是一组数据的和除以这组数据的个数所得的商，常用于表示统计对象的一般水平。

我们可不能像小罗庚一样，把平均数当作一种标准来指责他人哦！

不过，通过小罗庚和阿利的争执，我们也学习到了有关平均数的知识。下一页就是小罗庚整理的知识结构图。

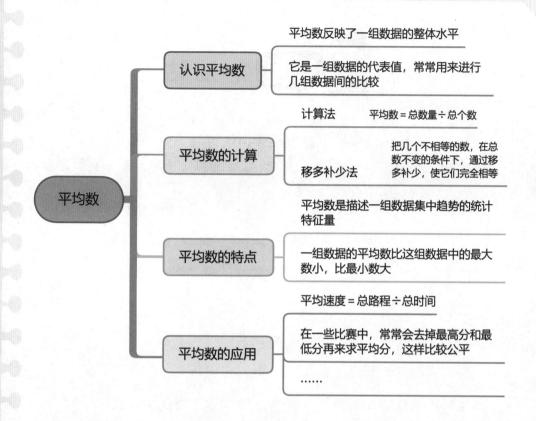

我们在日常生活中经常会见到平均数，如平均分、平均人数、平均身高等。

在学校，老师常常会通过计算班级某个学科的平均分，来了解这个班级学生某个学科的整体水平。

另外，在体育比赛、合唱比赛等多种比赛中，常常会做如下规定：去掉评委打出的最高分和最低分，然后算出其余分数的平均分，最后通过比较平均分来排名。

小罗庚和小伙伴摘了许多果子，填饱肚子后，围坐在树下休息。

这时，小罗庚眼珠子一转，想到了一个有趣的问题想考考阿利，便问他："阿利，平均数的知识想必你已经很熟悉了。我突然想到了一个问题，你愿意接受我的挑战吗？"阿利当然爽快地答应了。

小罗庚缓缓说道："你看，对面有7棵树，假设下了一场雨之后，第一棵树长高了3厘米，第二棵树长高了8厘米，第四棵树和第六棵树都长高了5厘米。请问这7棵树平均长高了几厘米呢？"

阿利听了问题，托着腮帮子思考起来。请你也和阿利一起想一想问题的答案吧！

温馨小提示

我们来看问题，一共有7棵树，其中有4棵树长高了，分别长高了3厘米、8厘米、5厘米、5厘米，而剩下的3棵树没有长高，所以是0厘米。我们可以列出算式：

3+8+5+5+0+0+0=21（厘米），21÷7=3（厘米）。所以这些树平均长高了3厘米。

需要注意的是，不管其中有多少棵树长高了，有多少棵树没长高，在算平均数的时候，都需要用长高的总数除以树的总棵数来进行计算。

平均数是不是很神奇？我们要根据实际情况来判断并分析平均数所反映的情况，也要学会在解决实际问题的过程中灵活运用计算法或移多补少法来求平均数。你学会了吗？

第六章

找到归路
——解决问题的策略

天色渐渐变暗，转眼一天就过去了，小罗庚他们仍然没有任何收获，只好垂头丧气地返回部落。

吃过晚饭，小罗庚独自坐在圆宝家门前的草地上，看着满天繁星发愁。"到底怎样才能回去呢？"任凭小罗庚的小脑瓜转得再快，在这个陌生的地方，他还是毫无头绪。

"咦，那边特别耀眼的一串星星不就是北斗七星吗？这里的夜空中竟然也有北斗七星？"想到这里，小罗庚的心怦怦跳了起来：这是不是说明这里和我来的地方处在同一片星空下？这是不是线索？如果真的是这样，那就肯定有回去的办法！

"对了，我可以去问问酋长，看这里最近有没有什么特别的情况。如果有，说不定和我为什么会进入这片森林有关系。"小罗庚拍掉身上的杂草，快步往酋长的住处走去。

"酋长，你们部落最近有没有发生过什么特别的事，或者出现过什么离奇的、无法解释的现象吗？"到酋长家的时候，酋长正准备休息，小罗庚来不及和他寒暄，急切地问。

酋长凝神望了望小罗庚，转身拿来一个盒子，边打开边说："我们在森林里发现了几样奇怪的东西，没有人知道它们是什么。你看——"

半瓶矿泉水、一支圆珠笔和一只手表！小罗庚眼睛一亮，激动地问酋长："您是在什么时候，在哪里发现这些的？"

酋长把东西放在小罗庚面前，说："我以前从没有见过这种东西，因为好奇就把它们保留到现在。这应该是来自你生活的地方吧？"小罗庚激动地点了点头。

酋长看着小罗庚，陷入了回忆中——

那天部落的人正在追赶两只鹿，眼看着就要追上了，可一眨眼，那两只鹿突然凭空消失了。大家犹豫了一阵后，还是好奇心占了上风，决定去鹿消失的地方一探究竟。而后他们就在鹿消失的地方，发现了一个装了一半液体的奇怪瓶子、一支可以按动的蓝色小棍和一只有两根会动的小针的"手镯"。说来也是巧，在鹿消失事件发生之后不久，

小罗庚就出现在了部落里。

听完酋长的讲述，小罗庚难掩激动，高声问："您还记得那两只鹿消失的地方在哪儿吗？"酋长点点头："记得记得，这片土地的每一个角落我都很熟悉。我明天就带你去瞧瞧。"

告别了酋长，小罗庚回到圆宝家。整个夜晚他都翻来覆去，辗转

难眠，一想到很有可能找到回去的路，他就按捺不住心中的喜悦。现在他终于体会到归心似箭的感觉了。

第二天一大早，酋长带着小罗庚、圆宝和阿利，一同向鹿消失的地方进发。

到了目的地，他们四处看了看，没有发现任何异样，小罗庚顿时显得有些失望。但他还是不死心，急切地问酋长："您还记得当时周围有什么特别的吗？请您再仔细想想！"

酋长皱了皱眉头，仔细想了想，指着前面说："我记得鹿消失之后我们就在那棵树下发现了那个'手镯'。"

小罗庚告诉酋长："我们那边把它叫'手表'，可以用来看时间。"

酋长一听，心中吃惊，居然有这种东西？他接着说："当时我看到那个东西很奇特，印象比较深，捡到时它上面的短针大概指着 10，长针指着 2。不一会儿附近又陆续凭空出现了那个瓶子和小棍。"

"那您还记得当时的具体情形吗？比如手表的指针有什么变化？"小罗庚又问。

酋长想了想，说："我也没有仔细瞧个究竟，但是我隐约记得，我把瓶子和你说的那个手表放在一起的时候，手表上面的短针在 10 和 11 之间，长针指着 10。后来我把小棍和它们放在一起的时候，手表上面的短针已经过了 11，长针指着 6。你看有什么线索吗？"

小罗庚心中万分激动，欢呼道："太好了，我想我可以回去啦！"

酋长不明所以，疑惑地问："为什么这么说？"

小罗庚笑着解释："酋长，您有所不知，您第一次看到手表时，它的**短针指着 10，长针指着 2**，说明当时的时间是上午 10 点 10 分。

您第二次看到手表时，它的**短针在 10 和 11 之间，长针指着 10**，说明当时的时间是上午 10 点 50 分。您第三次看到手表时，它的**短针过了 11，长针指着 6**，说明当时的时间是上午 11 点 30 分。"他又举起手表给酋长展示，"一天有 24 个小时，手表的短针要转两圈；长针转一圈是 60 分钟，也就是 1 个小时；手表表盘上的一小格是 1 分钟，一大格是 5 分钟。通过看短针和长针的位置，我们就能准确知道时间了。"

小罗庚抬头看看森林，又低头看看手表，摸着下巴说："从时间上看，鹿消失的时间和手表出现的时间是 10 点 10 分，矿泉水瓶出现的时间是 10 点 50 分，圆珠笔出现的时间是 11 点 30 分。因此我推断**每隔 40 分钟**那扇通往另一个世界的隐形之门便会打开。但是具体的时间点如果光凭脑子想会有些复杂，也记不清，所以我们可以**使用一些策略来解决**，比如**列表**。"

小罗庚随手在地上捡起一根树枝，列了一个表格。

1	2	3	4	5
10:10	10:50	11:30	12:10	12:50

6	7	8	9	10
13:30	14:10	14:50	15:30	16:10

他指着表格下面的一行数，继续解释："您看，表格中显示的就是隐形之门开启的时间，用前面的时间加上 40 分钟就能推算出后面的时间，用算式表示就是'**前一个时间 + 40 分钟 = 后一个时间**'。而表格里表示'时'的 13，14，15，16……可以**分别减去 12** 表示下午 1 点、下午 2 点、下午 3 点……以此类推。我可以据此列出一天当中**隐形之门开启的时间表**来，只要对照着这个时间表，按时穿越这里的隐形之门，肯定就能回去啦！"

酋长听了小罗庚的一番讲解，感叹他这个**列表的策略**真是太实用了！

他们几个人赶回部落，拿出手表一看，手表的短针和长针正好都指着 12。小罗庚指着表盘说："现在是中午 12 点，今天我还有很多次机会可以离开这里。"

酋长召集部落的人们集合，与小罗庚告别，大伙儿都显得依依不舍，尤其是圆宝、阿利和伊达。虽然相处的日子不长，但是大家都非常感激小罗庚，因为他的到来，让他们学到了很多**解决问题的方法**，帮他们**解决了很多难题**。阿拉格部落的人们一个个含着泪光，向小罗庚挥手道别。

天下没有不散的筵席，小罗庚背上背包，走到隐形之门所在的地方，看了看手表，现在是下午 2:08，也就是表格里的 14:08，还有 2 分钟隐形之门就要打开了。

小罗庚在心里祈祷着：快点儿让我回去吧！

倒计时开始：10，9，8，7……1！

小罗庚闭上双眼，忐忑地迈过虚空中的隐形之门的位置，一个恍惚，他觉得眼前的画面扭曲了一瞬，然后变了样。

小罗庚揉揉眼睛，左右看看，附近只有一条小路。他谨慎地顺着小路往前走。沿着小路穿过树林，树林尽头是一片光芒，走进光芒，一座座宏伟的建筑出现在小罗庚的眼前。他深吸了一口气，张开双手，沐浴在久违的故宫的阳光中，然后忍不住又蹦又跳，欢呼起来。

小罗庚心想：如果我把这次经历告诉夏令营的小伙伴们，他们肯定不敢相信！不过我不能把这件事情随便说出去，那样会给阿拉格部

四色猜想

四色猜想、费马猜想和哥德巴赫猜想，通常被称为世界三大数学猜想，也是世界三大数学难题。

1852年，英国人古色里提出了四色猜想：在不引起混淆的情况下，一张地图只需四种颜色就可进行标记。想要严格证明四色猜想能运用于所有地图，其过程十分困难。直到1976年，美国数学家阿佩尔与哈肯在两台电子计算机上，用了一千多个小时，做了一百多亿次判断，分析了两千多个构形的可约性，并通过人工分析了约一万个带正电顶点的邻近区域，终于证明了四色猜想。

落带去危险。所以他想好了，要把这次经历当成永远的秘密。

　　沿着故宫的大路，小罗庚很快找到了总辅导员和小伙伴们，回归了大部队。说起来有点儿不可思议，明明小罗庚在部落住了好长一段时间，回来后却发现时间才过去了几十分钟，自由活动都还没结束。谁能想到他在这么短的时间里，已经经历了那么多惊心动魄的冒

险呢!

　　这个大发现让小罗庚那不安分的小脑袋又转了起来。他希望有机会重回阿拉格部落,这可比夏令营有趣多了!

数学小博士

名师视频课

小罗庚在酋长的帮助下，终于找到了回去的方法。在经历了那么多惊险和刺激的事情之后，他又回到了夏令营的队伍中。

在这次解决问题的过程中，我们见识到了解决问题的一种策略，那就是"列表"。把复杂冗长的条件信息整理在表格里，能更加清晰直观地看出条件之间的联系，帮助我们找到数量关系，从而更加精准地列式解决问题。

下面是小罗庚在临走之前为阿拉格部落的人们留下的"解决问题的策略"知识结构图。我们一起来看看吧！

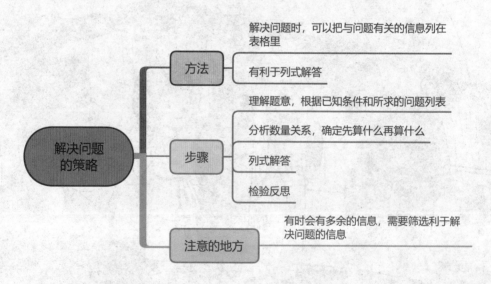

只要掌握好这种解决问题的策略，那么我们在解决类似问题的时候就可以轻松不少呢！

智慧加油站

伊达对小罗庚使用的所有解决问题的方法都很好奇。这一次也不例外，他拿着小罗庚留下的知识结构图问大家："这个列表的策略这么神奇，要不大家一起来试试？我们来比赛吧，看谁能最快解决问题！"

大伙儿都点头表示同意。

于是伊达思考了一会儿，出了一道题："我们的族人采集树种，第一小队有 4 户人家，每户采集了 20 千克；第二小队有 3 户人家，每户采集了 28 千克；第三小队有 5 户人家，每户采集了 25 千克。那么三个小队一共采集了多少千克树种？"

这道题该怎么解答呢？你也来想一想，和族人们一起解决这个问题吧！比一比，看谁做得最快，方法最好！

温馨小提示

第一小队	4 户	每户 20 千克
第二小队	3 户	每户 28 千克
第三小队	5 户	每户 25 千克

列式：

第一小队：20×4=80（千克）

第二小队：28×3=84（千克）

第三小队：25×5=125（千克）

一共：80+84+125=289（千克）

答：三个小队一共采集了289千克树种。

大家不得不承认，用列表的策略来解决这个问题是最快的方法。由此我们可以看出，巧妙运用列表的策略真的能使问题由复杂变得直观、清楚。你学会了吗？掌握策略，才能以不变应万变！

第七章

寻找圣地
——线段、直线、射线和角

　　整整一年的时间，阿拉格部落一滴雨也没下。这是自阿拉格部落有记载以来，遇到的最为严重的自然危机。水源干涸，植物干枯，大家储存起来的水也所剩无几，资源都快消耗到极限了。酋长和族人们都很担忧，整个部落人心惶惶的，不知如何是好。

　　阿拉格部落里流传着一个传说：只要能找到"活水之源"，把"活水之源"带回部落，就会有取之不尽、用之不竭的水，彻底解决水资源的问题。但这是一个古老的传说，至今还没有人真正找到过"活水之源"。

　　酋长看着眼前的景象，愁得吃不下饭，睡不着觉，每天唉声叹气。"先祖啊，我辜负了你们对我的期望，没有守护好阿拉格部落……"酋长仰望着天空，回忆起先祖临终前的嘱托。忽然，他想起一件事。先祖传下来一个秘密卷轴，叮嘱他遇到危急的时刻才能打开。现在阿拉格部落就面临着巨大的危机，是时候打开卷轴了！想到这里，酋长立刻召集阿拉格部落的领导们，当众郑重地取出了卷轴。

　　酋长双手捧着卷轴，施了个礼，严肃地说："现在我要打开卷轴了，希望上面会有关于'活水之源'的信息，帮助我们……"酋长忽然停下来，两只眼睛直勾勾地望着人群外边。大家好奇地转过身，全

都惊讶地张大了嘴巴。

"是小罗庚!"他们欢呼起来。

小罗庚回来了!原来,回家以后小罗庚一直对阿拉格部落的朋友们念念不忘,想回来看看大家。于是,暑假时他终于等来了再到故宫的机会。他悄悄避开人群,循着记忆找到了故宫里那条神秘的小路,边走走停停地确认位置,边兴奋又紧张地看着手表的指针。突然,眼前出现一阵熟悉的时空扭曲,他竟然真的回到了阿拉格部落!

当小罗庚再次出现在阿拉格部落的时候,大家都沸腾了,酋长循着欢呼声走过去给了小罗庚一个大大的拥抱。大家七嘴八舌地把部落的危机告诉小罗庚,酋长递过卷轴说:"你是我们最信任的伙伴,用智慧帮我们解决了很多难题,就请你帮我们看看卷轴吧。"

小罗庚慢慢展开卷轴,读出上面的字:"'活水之源'就在圣地中,但圣地的入口由远古神明留下的圣石守护。圣石会释放出巨大的能量形成屏障,一般人是不能进入的,如果硬闯只有死路一条。要想安全进入圣地,必须破解圣地入口屏障的谜题。"

"'活水之源'是解救阿拉格部落自然危机的关键,我们一定要找到!"酋长说。

"圣地在哪里?那还不赶快去?"小罗庚看着酋长问道。

酋长苦笑着说:"因为圣地有圣石

的守护，不担心被人闯入，所以没有守卫能联系。后来我们部落经历过多次迁徙，现在这里距离圣地十分遥远。之前我也派出过勇士去往圣地，然而路途遥远又难走，路上也没个指引，导致每次走的路线都不一样，结果有时能找到，有时找不到。后来我就不再派人去了，开辟出的路线也都荒废了，圣地就这样被我们慢慢淡忘了。"

小罗庚看着面露难色的酋长，也踱着步陷入了沉思：之前酋长已经派人去过圣地，虽然现在许久未去，但大致的方位应该还是记得的。他抬头问酋长："勇士们正确找到圣地的那几次，走的**路线**是怎样的？"说着，他拉过酋长一起席地而坐，一边听酋长讲述，一边拿着树枝在地上画图。

"哦？他们前两次分别经过了这些地方吗？每次来回的时间长短不一，但最短的也耗时 14 天？按目前的干旱程度，咱们可撑不了这么久。"说着，小罗庚拿着树枝在稍远处点上最后一个点。

酋长看着小罗庚在地上画的简易地图啧啧称奇，问道："你这是把我们之前走过的地方都标在这幅图上了？"

"是的。根据您说的情况，我把**我们所在的位置**画成这个点，**圣地的位置**就是那个点，之前勇士们**经过的一些地点**我也都标记在图上了。"小罗庚指着图说道。

"那你看要怎么走我们才能最快到达圣地？毕竟时间不等人，族人们都盼着找到圣地，早日解决干旱的问题。"酋长紧紧盯着图，皱起眉头。

小罗庚把画上的这些点连接起来，画出了勇士们之前两次所走的路线，然后问酋长："现在您看，我们应该选哪条路线？"

酋长盯着图犹豫着。小罗庚没说话，而是拿着树枝，在圣地和阿拉格部落之间连了一条**笔直的线**。酋长恍然大悟，激动地说："我知道了，这条笔直的路不用绕弯，是**最近**的。"

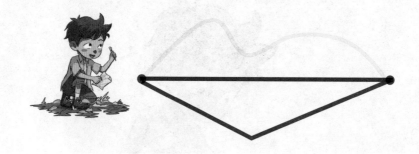

小罗庚点了点头接着说："没错。这张图直观地体现了一个数学小知识——**两点之间的所有连线中，线段最短**。线段有**两个端点，长度**是**有限**的，我们去圣地最短的路线就是这两个端点相连后显现出来的这条路线。还有一种与线段不同的线，叫作'**直线**'，它是一种**没有端点**，可以**无限延长**的线。"

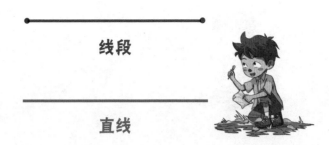

线段

直线

酋长听完点点头，看着地图又研究了一会儿，然后大手一挥，对伊达说："你带着几个勇士去圣地，记住，要走直路，不能拐弯。"

"可是，我们不知道圣地的具体位置，只能摸索着前进，还是会拐弯啊！"

伊达的话提醒了小罗庚，他转头问酋长："圣地有什么能让人一眼辨认出来的特点吗？"

酋长想了想，说："据以前去过的勇士们回来说，走过一半的路程后，就能看到圣地所散发出的能量光。因为圣地有圣石的能量守护，圣石的能量屏障散发着一种独特的光，仔细观察的话就能看到。"

小罗庚听到这里，对伊达说："这样吧，我跟你们一起去。前半程咱们尽量根据太阳的位置来判断方向，可能走得会慢一些。等看到能量光后，咱们直接向着光的方向前进就可以了。"说着，他又拿起树枝在地上画起来，"有**一个端点**，可以**向一端无限延长**的线，就是'**射线**'。圣石就可以看作一个端点，能量光就像手电筒的光线一样，从圣石那里发射出来，没有遮挡物的话，能向远处无限延长，就形成了一条'射线'。所以，我们只要沿着这条射线的方向直走，就能以最短的时间

赶到圣地了。"

射线

酋长用钦佩的眼神看着小罗庚："这次多亏了你，你画的图帮我们整理出了很多有用的信息，也找到了通往圣地最快的路线。"

小罗庚谦虚地表示："没有啦，这些都是很实用的数学小知识，我不说，你们以后也会自己摸索出来的。"

看大伙儿意犹未尽，小罗庚又讲起来："你们知道吗，射线还有其他妙处呢。**有公共端点的两条射线**组成的图形叫作'**角**'，这个公共端点是角的**顶点**，这两条射线是角的两条**边**。"

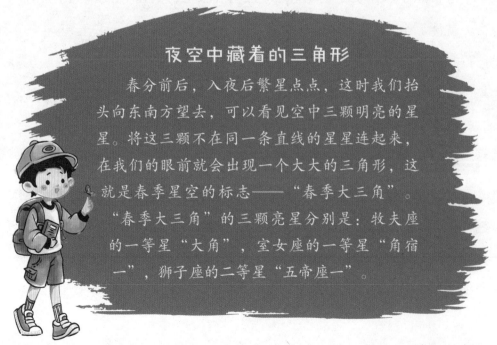

夜空中藏着的三角形

春分前后，入夜后繁星点点，这时我们抬头向东南方望去，可以看见空中三颗明亮的星星。将这三颗不在同一条直线的星星连起来，在我们的眼前就会出现一个大大的三角形，这就是春季星空的标志——"春季大三角"。

"春季大三角"的三颗亮星分别是：牧夫座的一等星"大角"，室女座的一等星"角宿一"，狮子座的二等星"五帝座一"。

伊达好像有所领悟："那角就有**一个顶点、两条边，两条边可以无限延长**，是吧？"

小罗庚竖起了大拇指："你真聪明，一点儿没错。因为射线可以向一端无限延长，所以角的两条边也是可以无限延长的哦！"

伊达开心极了，他真心希望小罗庚能常常穿越到阿拉格部落来玩，这样他的数学水平就能日渐提高了！

数学小博士

名师视频课

　　小罗庚再次归来，帮酋长找到了阿拉格部落和圣地之间最近的路线。酋长高兴地开起了玩笑："小罗庚说的三种'线'可真神奇，比我们部落的麻线好用多了！"大家听完都哈哈大笑起来。

　　小罗庚说的线段、直线和射线我们在数学课上很常见，它们有各自的特点，有相同点，也有不同点，几种线之间还有紧密的联系呢。

　　而由一点引出两条射线还能形成"角"，这个点就是这个角的"顶点"，这两条射线就是这个角的两条"边"。角的两条边可以无限延长，而角的大小始终保持不变，与边的长短无关。

　　让我们再一起认识一下它们吧！

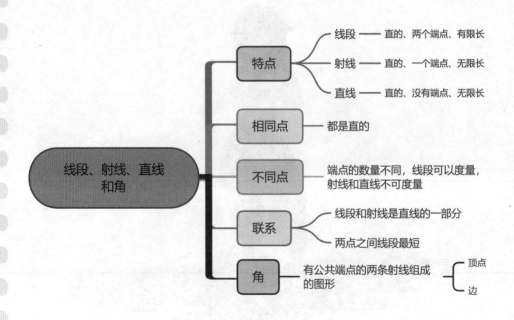

智慧加油站

小罗庚想到在数学课上学关于"线"的知识时,老师曾给同学们出了一道很有挑战性的题目,他想用这道题考考酋长。

他笑着对酋长提出了问题:"酋长,您说'一条直线长5000米,直线比射线长多了'这个说法正确吗?"

酋长努力思考着,眉毛都拧在一起了。请你来帮帮酋长吧!

温馨小提示

前面我们介绍了线段、直线和射线的特点:

名称	图例	相同点	不同点	
			端点	长度
线段	——	直直的	2个	有限长
射线	——		1个	无限长
直线	——		没有	无限长

直线和射线都是无限长的,无法量出它们的长度,当然也就无法比较直线和射线的长度了,所以直线比射线长的说法一定是错误的。

第八章

图腾之谜

——角的度量、角的分类和画角

阿拉格部落的图腾被小罗庚智取回来之后，便一直被妥善安放在部落之中。经过一段时间的研究，酋长更加深入地了解了图腾与部落的关系，但是对于如何激活图腾的力量还有些疑问。于是他想趁着小罗庚和勇士们还没出发，将图腾请出来，让小罗庚一起看看是否有激活图腾的办法，好让图腾为小罗庚他们这一路的冒险带去好运，也为部落保驾护航。

小罗庚看着酋长手上的图腾问道："这图腾看上去平平无奇，为什么它就能关乎部落的安危呢？"

"说起这个，我要给你讲一个流传在各部落之间的传闻了。"酋长耐心地解释起来，"在这片传奇的大地上，生存着大大小小许多部落，起初各部落之间相处得也挺和谐。但是有人的地方就有纷争，随着部落与部落间交流的深入，部落之间的矛盾也慢慢激化。大部落的酋长对权力的追求和欲望越来越大，于是开启了大部落吞并小部落的战争。虽然小部落敌不过大部落，但是却没有一个小部落被大部落完全吞并，顶多就是被迫举族迁徙，换个驻点继续生存。"

"是大部落的酋长心存善念，故意不赶尽杀绝吗？"小罗庚插了一句。

酋长摇摇头："不，是因为图腾。每个部落都供奉着本部落特有的图腾，在关键时刻图腾之灵会赐予他的族人无限力量，庇佑族人逢凶化吉。"

"那这图腾之灵是在危急时刻自动出现吗？还是要用什么方法去请出图腾之灵呢？"小罗庚问出了一个关键问题。

酋长皱了皱眉头："在深入研究了祖先留下的卷轴之后，我发现，要想使用图腾的力量，就需要唤醒图腾之灵，而唤醒图腾之灵则必须先激活图腾。"

"酋长您这表情不对呀，难道激活方法很难？"小罗庚看着酋长，十分好奇。

"倒也不难。只是，掌握图腾激活方法的只有部落酋长，酋长在传位时会将这个秘密一起传承给下一任酋长。而我们的前一任酋长在意外中去世，我被推举为酋长时，已经无法知道激活图腾的方法了。或许他在哪个卷轴里做了记录，但目前我还没找到。现在我手中只有前任酋长留下来的这四块钥匙碎片，而我到现在也没研究出来怎么使用。"酋长略显无奈。

"能把钥匙碎片给我看看吗？"小罗庚跃跃欲试。

酋长立刻派人从屋里拿出钥匙碎片，交到小罗庚的手里，说："我正想请你帮忙看看呢！"

小罗庚拿起钥匙碎片，仔细地观察起来。他发现这的确不是普通的钥匙，因为这四块钥匙碎片的形状很特别，大大小小的各不相同，

形状像三角形，但只有一个角是标准的，而边也奇奇怪怪的，有的是直线，有的线条拐了几个弯，有的是弧线。

"既然这些钥匙碎片都有角，那我是不是可以先测量一下这些**角的度数**？让我来看看这里面到底藏着什么秘密。"小罗庚想到他随身携带的包里还带着全套的学习用具，就赶紧打开书包，从里面拿出半圆形的**量角器**，"这次我可是有备而来的哦……"小罗庚一边动手，一边喃喃自语。

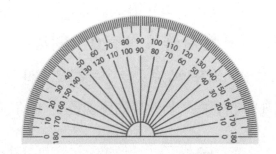

"这一块碎片的角是 30°，那一块的角是 45°，另一块的角是 60°，最大一块碎片的角好大，居然达到了 130°。"这四个碎片和图腾之间有什么关系呢？小罗庚放下碎片，又拿起图腾仔细研究起来。忽然，他发现图腾上面有一个圆形的凹槽。

"哈！我知道了！把四块碎片拼成一个**圆形**，嵌入凹槽中就能激活图腾了。"

小罗庚的脑子飞速运转，手上也飞快地将几块碎片拼到一起，却发现想拼成圆形的话，还少一块碎片。

小罗庚抬起头问酋长："这四块钥匙碎片的角分别是 30°、45°、60° 和 130°，我猜少了一块 95° 钝角的钥匙碎片，您知道在哪儿吗？"

酋长大惊："怎么会？装钥匙碎片的盒子是在前任酋长的屋子里找到的，如果真的少一块的话，恐怕谁也不知道情况……而且你是怎么知道这些角的度数的？怎么知道少了一块 95° 角的碎片？你说的'钝角'又是什么意思？"酋长惊讶地连连发问。

小罗庚一边指着量角器一边介绍："您看，我就是用它测量出角的度数的。这个东西叫**'量角器'**，它有 **0° 刻度线**、**内圈刻度**和**外圈刻度**，还有中间的**中心点**。一个半圆是 180°，量角器就是把半圆平均分成了 180 份，每一份对应的角就是 1° 的角。"

认识量角器

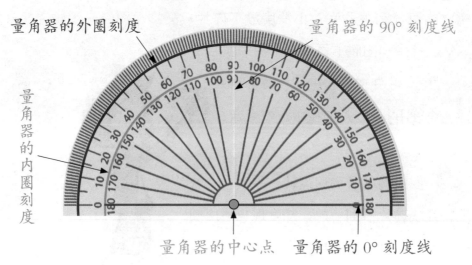

量角器的外圈刻度

量角器的 90° 刻度线

量角器的内圈刻度

量角器的中心点　量角器的 0° 刻度线

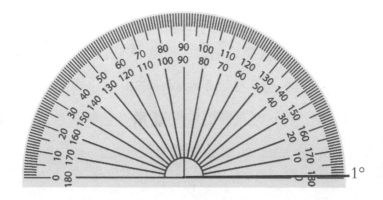

把半圆分成180等份，每一份所对应的角是1度的角，"度"是角的计量单位，用符号"°"表示，如1度记作"1°"

"测量角的度数时，我们要把中间的小圆圈，也就是中心点，对准角的顶点，内圈或外圈的0°刻度线和角的一条边重合，角的另一条边与同一个圈的哪条刻度重合就读多少度。现有的四块钥匙碎片的角度我就是这么测量出来的。"说着，小罗庚举起手里的四块钥匙碎片，"现在我猜测钥匙本是一个圆形，圆心的一圈相当于一个周角，是360°，360° - 30° - 45° - 60° - 130° = 95°，所以想拼成一个圆形还缺一个有95°角的钥匙碎片。"

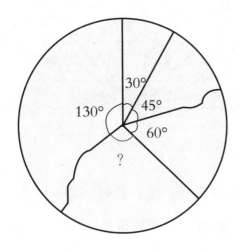

"至于'钝角'是什么，这就涉及角的分类了。"小罗庚拿起量角器，边比画边说，"角是有大有小的，您想象一下拉动角的一条边可以把角变大，也可以把角变小。在我们认识角的时候，需要先认识几个很特别的几个角。瞧，像这样直直的角是**直角**，它的两条边互相垂直，角的大小是 180° 的一半，也就是 **90°**。"

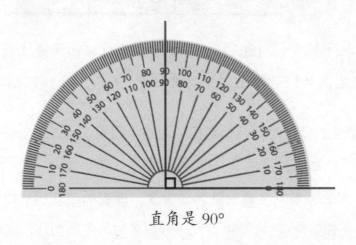

直角是 90°

"再看，像这样平平的角，我们叫它**平角**，它是 **180°**。"

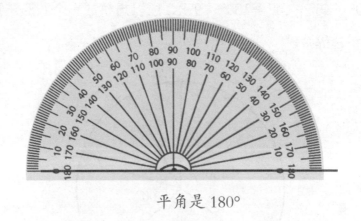

平角是 180°

"像这样一条边绕着角的顶点旋转一周，就形成了一个 **360°** 的角，我们把它叫作**周角**。它长得很不一样，不要被它的外形迷惑了，它也是有两条边的，只不过旋转一周以后两条边重合在一起了。"

周角是 360°

"最后还有这两种角。像这样**小于 90° 的角**，都是**锐角**。像这样的**大于 90° 且小于 180°** 的角，都是**钝角**。"

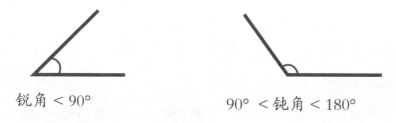

锐角 < 90°   90° < 钝角 < 180°

极具美感的黄金矩形

黄金矩形是指长宽之比符合黄金分割比的矩形，这个比近似等于1：0.618。这样的矩形兼具稳重与美感，令人愉悦。希腊雅典的帕特农神庙就是采用黄金比例来设计的，神庙的高与长形成了一个黄金矩形。从法国巴黎的凯旋门到美国纽约的联合国总部大楼，从维纳斯女神雕像到《蒙娜丽莎》……在世界上许多建筑和艺术作品中，我们都能找到黄金矩形的身影。

酋长听完小罗庚的话，眉毛都要拧到一起去了："角有这么多种类，我这一下子也记不住啊！如果我想找工匠仿制一块钥匙碎片，怎样才能准确做出 95° 的角呢？这好像和你说的角的种类也没什么关系……"

"您先别着急，听我说。这个量角器，不仅能测量角的度数，而且还是为画角量身定制的神器。您让工匠照着用量角器画出的角去打磨，保证能完美地复制出一个有 95° 角的钥匙碎片来。"小罗庚笑着拍拍胸脯。

酋长眼见着松了一口气，对小罗庚说："那你快给我演示一下用量角器怎么画角吧！"

只见小罗庚先在纸上画出了一条射线，再把量角器的中心点和射线的顶点重合，然后将 0° 刻度线和这条射线重合，看 0° 刻度线是内圈还是外圈，内圈就从内圈右侧的 0 顺着数到 95 处点一个小点做上记号，最后把顶点和这个小点连起来画出另一条射线，它就是这个 95° 角的另一条边。

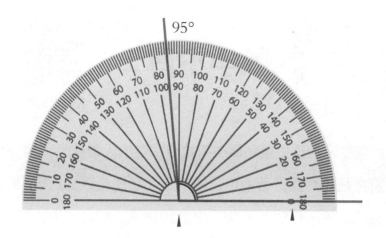

工匠照着小罗庚画出来的图纸精细打磨，没过多久，一块有着95°角的钥匙碎片被仿制了出来。

酋长将五块碎片拼成一个完整的圆形，嵌入图腾上凹下的地方，整个图腾立刻发出了一层淡淡的荧光。

"太好了，图腾被激活了！"酋长兴奋地跑到屋外大声呼喊，"图腾已经被激活，图腾之灵将会在危急时刻被唤醒，保佑阿拉格部落！"

大家都欢呼起来，阿拉格部落沉浸在一片欢乐的气氛之中。

数学小博士

　　小罗庚带来的这把量角器被阿拉格部落的人们称为"神器",酋长请求小罗庚把量角器送给他们,说不定今后还能派上用场。小罗庚爽快地答应了。酋长接过小罗庚手中的量角器,把它装进雕刻着精美花纹的木盒中,珍藏起来,并且嘱咐伊达一定要好好看护,还要把量角器的使用方法学会,造福族人。伊达郑重地点了点头。小罗庚知道后,把"角的度量和画角"的方法也帮大家总结了一下。

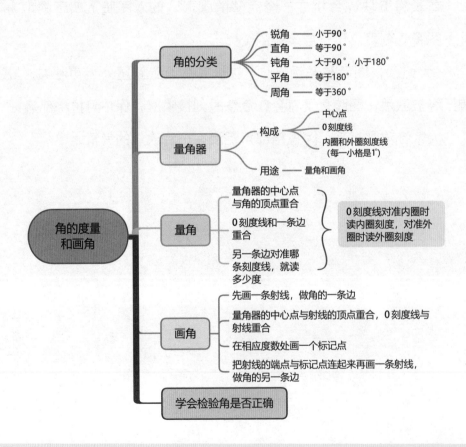

智慧加油站

伊达很认真地把有关角的知识记录下来，一并放入了收藏量角器的木盒中。他还诚恳地请小罗庚再考考自己，看看自己是否真正掌握了使用量角器的本领。

小罗庚思索了一会儿，找来一些材料画了一个标准的钟面，然后向伊达提出了问题："这是一个钟面，你能量出 4 点整时，两个指针所形成的这个角的度数吗？"

伊达胸有成竹，马上拿出量角器量了起来。

请你也参与进来和伊达一起思考一下，当表面时间是 4 点整的时候，标出的角是多少度呢？

温馨小提示

伊达拿出量角器一步一步地按照小罗庚介绍的方法使用：

1.把量角器放在角的上面，使量角器的中心点和角的顶点重合，0°刻度线和角的一条边重合；

2.找到角的另一条边所对应的量角器上的刻度；

3.在角内标出测量的度数。

伊达按照方法操作后自信地回答："是120°。"

小罗庚愉快地和伊达击掌，祝贺伊达："你量对啦！其实，我们还可以通过'算一算'来求这里的度数。钟面一圈是周角360°，12个数字正好把360°平均分成了12大格，每格就是360°÷12＝30°。我标出的这个角占了其中的四格，所以是30°×4＝120°。"

量一量，算一算，我们都可以知道这个角的度数。你的答案是不是也和伊达的一样呢？

第九章

活水之源

——整数四则混合运算

解决了图腾的问题，小罗庚和伊达带着勇士们出发去寻找"活水之源"。

走出部落，他们穿过郁郁葱葱的森林，渡过奔流不息的大河，爬过连绵起伏的山丘，终于到达了传说中的圣地。

到达圣地入口时，只见大门紧闭着，能量屏障阻挡着人们接近圣地的大门。大家凑近看，发现大门附近有一座石碑，上面有一串奇怪的数字。

$$6 \quad 8 \quad 2 \quad 3 \quad = \quad 24$$

这是什么意思呢？大家你看看我，我看看你，都摸不着头脑。小罗庚胸有成竹地说："这应该是一个谜题，而且是打开能量屏障的关键。"

"你能破解它吗？"伊达担忧地问。

"别急，谜题都交给我。让我再仔细看看，总能找到点儿头绪。"小罗庚盯着石碑上的那串数字，忽然把目光停在"24"上。他的脑海里灵光一闪：这难道是我小时候最喜欢玩的扑克牌游戏"24点"？于

是他从包里拿出纸和笔迅速算了起来。

伊达看到小罗庚有头绪了，伸着脑袋凑过去问："你在写什么呢？"

小罗庚正在集中精力思考，头也没抬，说："这串数字有点儿像我小时候经常玩的扑克牌游戏'**24点**'。就是只要给这些数字中间加上合适的**运算符号**，安排正确的**运算顺序**，使它最后算出的**结果等于24**就可以了。你们也可以一起试试。"

听了小罗庚的话，伊达和勇士们都拿着树枝开始在地上写写画画。

不一会儿，小罗庚兴奋地拍了拍手，大喊一声："搞定！"大家马上扔了手中的树枝，跑到小罗庚这里来看结果。

只见小罗庚把几个运算符号填到了前面四个数字中间，使它们形成了一个数学算式：

$$6 + (8 - 2) \times 3 = 24$$

伊达惊讶地说:"这么快就算出来了? 结果是正确的吗? 我来验证一下。"说着伊达扳着手指算了起来,"6加8等于14,14减2等于12,12再乘3等于36。小罗庚,你算错了吧?"

小罗庚笑着摇摇头:"这是一道**四则混合运算**题,不能像你这样直接从左往右算,要遵循一定的运算顺序。乘除法是高级运算,加减法是低级运算,当既有加减又有乘除时,**要先算乘除再算加减**,如果有小括号要**先算小括号里的**。现在你按照运算顺序再来算算看。"

伊达按照小罗庚所说的运算顺序重新算了起来:"先算小括号里的8减2等于6,再算乘法6乘3等于18,最后算加法6加18等于24。嘿,这样算还真是24呢!"伊达一拍巴掌。

$$6 + (8 - 2) \times 3$$
$$= 6 + 6 \times 3$$
$$= 6 + 18$$
$$= 24$$

伊达的话音刚落,连日来一起奔波的勇士们脸上也现出了笑容。伊达拉着小罗庚的手,激动地说:"快填上去吧!"

　　小罗庚捡起一块石头，按运算顺序给石碑上的数字之间填上了运算符号。他先在石碑上写上**减号"-"**，再写上**小括号"( )"**，又写上**乘号"×"**，最后写上**加号"+"**。算式填写完毕之后，石碑上"唰"的一下闪出一道耀眼的五彩光芒，大家本能地闭起了双眼。

　　等大家再睁开眼的时候，圣地大门附近的能量屏障消失了，大门已经开启。伊达和勇士们跟随小罗庚踏入圣地的大门，只见圣地里有一汪泉水在山间流淌。泉水清澈见底，源源不断，在阳光下闪着碎银般的光亮。

"终于找到'活水之源'啦!"勇士们欢呼起来。大家都跑过去，双手捧起泉水品尝起来。泉水那么甘甜，解了大家的口渴，更滋润了他们的心。

伊达和勇士们装了满满几大壶"活水之源"的水。根据卷轴的记载，只要把这些水带回去倒在部落的井里和河里，就能激发出更多的水了，它们蒸腾到空中，又会生成降雨。阿拉格部落很快就能解除干旱危机了!

能帮助阿拉格部落走出困境，小罗庚感到十分开心。

四则运算符号的历史

加减法符号"+""-"由德国数学家魏德曼在他的著作中首先使用，后来从1514年荷兰数学家荷伊克开始，到1544年德国数学家施蒂费尔在《整数算术》中正式使用，用它们表示加减法才逐渐被公认。

乘法符号"×"由英国数学家奥特雷德在《数学之钥》中率先使用。考虑到乘法其实就是多个相同数字的连加，所以他把加法符号稍作变动，用旋转角度的"+"来表示。除法符号"÷"的起源众说纷纭。一种说法是，它由英国的瓦里斯最初使用，除的本意是分，"÷"中间的横线把上下两个点分开，形象地表示了分的意思。

数学小博士

名师视频课

  小罗庚和大家一起去圣地寻找"活水之源"。他受到扑克牌游戏"24"点的启发，把圣地大门前石碑上的一串数字变成了一道整数的四则混合运算题。这看似简单的四则混合运算其实是有一定的运算顺序的，只有按照正确的运算顺序，才能算出正确答案。

  最后，小罗庚一行人成功地开启圣地之门，找到了"活水之源"，阿拉格部落的危机也就迎刃而解了。

  那么，我们一起再来回顾一下四则混合运算的法则吧！

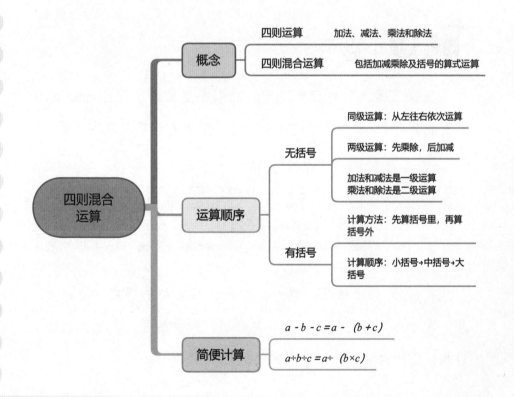

　　装完"活水之源"，伊达向小罗庚请教了"24 点"的具体玩法。原来，在扑克牌游戏"24 点"中，前面四个数字的顺序不是固定的，游戏的精髓就在于同样的四个数字可以有很多种算出 24 的方法。根据这个规则，伊达想出了石碑上那道难题的另一种答案。

　　请你猜一猜，他的答案是什么？你能不能再想出一种算法呢？

温馨小提示

　　根据"24 点"的游戏规则，我们不用管数字的排列顺序，只要能算出 24 来，就算成功啦！让我们来看看还有哪些算法。

$$3 \times (8+2)-6=24$$

$$6+3 \times (8-2)=24$$

$$3 \times 6+8-2=24$$

······

　　算出 24 的方法还有很多，欢迎你自己动手探索一下。另外，你也可以自己列出四个其他数字，和你的朋友们试试这个游戏，比比谁算得快，谁想到的算法多！

第十章

巧摘水果

——认识平行和垂直

"小罗庚，真有你的！要不是你，我们这次寻找'活水之源'很可能会无功而返。你这小脑瓜里面怎么装了这么多智慧啊！"伊达佩服地说。

"是啊是啊，当时那几个数字在我脑子里都要打结了，我怎么也想不出办法来。你是怎么想到的呢？"旁边一个勇士挠着头说。

小罗庚听了，笑着向大家传授经验："要问我是怎么想到解决办法的，其实我一下子也说不出来，就是看见熟悉的数字，再一思考，就会了。数学这个学科就是要多做题多练习，时间久了，知识点自然而然就在脑子里形成了一种条件反射，一旦有熟悉的东西就会触发它。"

伊达重重地点了下头："原来是**熟能生巧**，看来以后我也要多做练习。"

大家一路兴高采烈地回到了阿拉格部落。酋长得到消息，亲自来门口迎接他们。他接过小罗庚递过来的关于寻找"活水之源"的记录，握着他的手，感激地说："我们阿拉格部落历经了几代传承，到我这一代既要面对强敌，又要面对天灾，简直是一次次的生死考验。不过我们幸运地遇到了你——小罗庚。在你的帮助下，我们获得了和平，找回了丢失的部落图腾，找到了部落的圣地和'活水之源'。是你让我们

一次又一次地化险为夷，真是太感谢你了！"

小罗庚被夸得脸都红了，不好意思地挠了挠头。

就在阿拉格部落的人们都开始展望未来的美好生活时，小罗庚却显得不那么开心。他低着头纠结了好一会儿，才抬起头对酋长说："酋长，我这次也出来挺久了，现在部落的危机已经解除，我也该跟你们道别了。"

"这么快就要走了？"酋长十分不舍，"如果你已经决定了，那我们就开个欢送会，好好欢送我们阿拉格部落的大恩人！伊达，快去采些香甜的果子来，今天咱们好好热闹热闹。"酋长转身吩咐道。

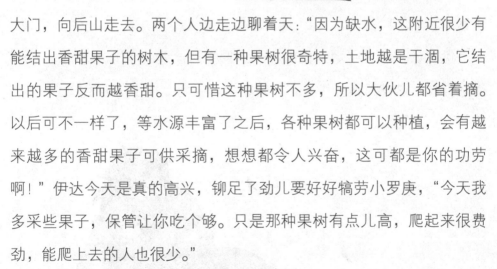

伊达把强有力的大手往小罗庚的肩膀上一拍："走，跟我上山采果子去！"经过这一段时间的相处，伊达越来越喜欢小罗庚。

"咱们要采什么果子？"小罗庚挽起袖子，跃跃欲试。

伊达拉着小罗庚出了部落大门，向后山走去。两个人边走边聊着天："因为缺水，这附近很少有能结出香甜果子的树木，但有一种果树很奇特，土地越是干涸，它结出的果子反而越香甜。只可惜这种果树不多，所以大伙儿都省着摘。以后可不一样了，等水源丰富了之后，各种果树都可以种植，会有越来越多的香甜果子可供采摘，想想都令人兴奋，这可都是你的功劳啊！"伊达今天是真的高兴，铆足了劲儿要好好犒劳小罗庚，"今天我多采些果子，保管让你吃个够。只是那种果树有点儿高，爬起来很费劲，能爬上去的人也很少。"

"架上梯子不就行了？"小罗庚表示奇怪，"部落里没有梯子吗？"

"'梯子'是什么？你快给我讲讲！"伊达对这个新名词充满兴趣。

小罗庚四处张望了一阵，看到山脚那边有一小片竹林，便拉着伊达走过去："伊达，你有刀吗？麻烦你帮我砍三根竹子，我给你做一把

梯子。"

在好奇心的驱使下，伊达砍竹子的速度都快了，唰唰唰几刀下去，三根粗壮的竹子就倒在小罗庚面前。

"再麻烦你把这三根竹子的枝丫和叶子都去掉，然后把其中一根竹子平均砍成十小段，要记得每小段都要一样长哦。"小罗庚认真地嘱咐伊达。

很快，小罗庚面前就摆好了十小段长度相同的竹子和两根长长的光秃秃的竹竿。

"接下来要干什么？"伊达叉着腰，俨然一副工匠的模样。

"不着急，我们先用这些小段竹子来研究。如果选择两小段竹子在地面上摆一摆，可以摆出哪些不同的样子？"小罗庚用询问的目光看着伊达。

伊达认真地在平地上摆着，一边摆一边念叨："可以这样摆，还可以这样摆，这样又是一种……"转眼间，平地上摆出了五组竹子。

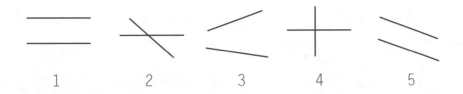

1　　　　2　　　　3　　　　4　　　　5

小罗庚请伊达仔细观察自己摆出的五组竹子，接着问他："如果把它们想象成五组可以两端无限延长的直线，能怎么分类呢？"

伊达一边比画一边说："这还不简单！第 2 组和第 4 组是一类，这两组直线**都有交点**。"

小罗庚给伊达比了一个大拇指："角度很不错！再提醒一下，我们是把它们都想象成两端无限延长的直线哦。"

依达恍然大悟："对了！第 3 组也是这一类的，因为它们延长以后会相交在一起。"

小罗庚笑着鼓掌："没错，第 2 组、第 3 组和第 4 组都是**相交的两条直线**。"

伊达突然指着地上兴奋地喊："啊，我还发现第 4 组的两条直线相交形成了直角！"

小罗庚也很兴奋："是的！当两条直线**相交**成**直角**，我们就可以说这两条直线**互相垂直**。一条直线是另一条直线的**垂线**，两条直线的交点叫**垂足**。"

"看来，**垂直是相交的一种特殊情况**啊。"伊达又有了新的收获。

"你把第 1 组和第 5 组归为一类，这一类是怎样的情况呢？"小罗庚趁热打铁追问道。

伊达立刻回答："这一类是两条直线无论怎样延长，都**不会相交**。"

"你说的很对。所以，在同一个平面内不相交的**两条直线互相平行**，也叫**平行线**。"小罗庚边点头边补充。

"现在咱们可以做梯子了吧？"伊达已经等不及了。

小罗庚拿起一块石头，蹲在地上画出了组装梯子的示意图。

"哇，这就是梯子呀！"伊达还是头一次看见。

人行横道线

在日常生活中，人行横道线就是比较常见的一种互相平行的线。人行横道线是由白色的道路标线漆画出的一组组平行粗实线，因为在路上画完的样子好像斑马身上的条纹，所以俗称"斑马线"。根据规定，斑马线的单条粗实线宽度一般为40厘米或45厘米（根据道路等级设置），两条平行的粗实线间距一般为60厘米。

"没错，梯子中间的这些小段竹子都是**互相平行**的，两边的两根长竹竿也是**互相平行**的。"小罗庚话锋一转，想考考伊达，"那么，看着这架梯子你还能想到什么？"

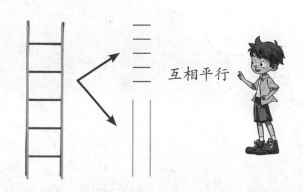

互相平行

"这可难不倒我！梯子中间的这些小段竹子和两边的竹竿之间都**是互相垂直**的，它们的**交点**就是**垂足**。这里的每一个接头都是垂足。"

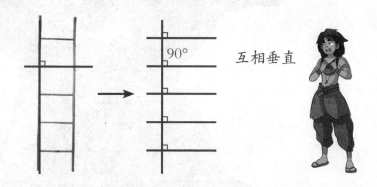

互相垂直

"太棒了，回答正确！"小罗庚激动地说，"按照这样的标准做出来的梯子又稳当又结实。有了它，不管男女老少，都能轻松地上树摘果子。

"那还等什么？咱们赶紧做梯子吧。"伊达一刻也等不了了。

两个人齐心协力绑好梯子后，伊达便迫不及待地扛着梯子跑到一棵果树下，架好梯子爬了上去。确实，这比直接爬树要省力多了！

美好的时光总是过得很快，在阿拉格部落度过了热闹的一晚后，小罗庚再一次与阿拉格部落的人们挥手告别，通过隐形之门回到了自己的世界。

像上次一样，小罗庚在阿拉格部落过了好些日子，而在自己的世界里其实只过去了几十分钟，所以没有人发现他的秘密。

阿拉格部落的经历，在小罗庚的心里留下了非常深刻的印象，也激起了他学习更多数学知识的渴望。他常常会在睡梦中回到阿拉格部落那片神奇的土地，和圆宝、阿利、伊达一起探讨数学的奥秘。

亲爱的小朋友，生活中总会有一些问题等着你用数学知识去解决，说不定还有哪个传奇部落也在等着你的到来呢！

数学小博士

名师视频课

　　为了筹备小罗庚的欢送会，伊达需要爬上很高的树去摘果子。为了让伊达爬树更省力，小罗庚开始教伊达做梯子，也由此教会了他关于平行和垂直的知识。

　　让我们一起来看看伊达做的笔记吧！

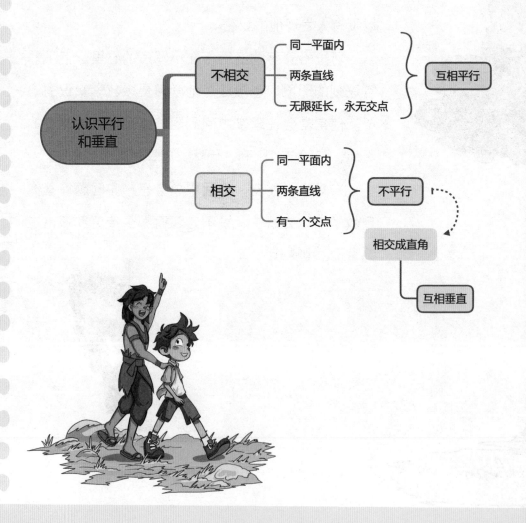

智慧加油站

　　摘完果子，小罗庚和伊达两个人在树下休息了一会儿。看着树下架着的梯子，伊达觉得他对平行和垂直的知识，好像还掌握得不是很牢固。小罗庚想了想，决定帮伊达一把，就给他提了几个问题。

　　看看下面的两个问题，你知道它们的答案吗？

　　问题一：下面哪组是平行线？

　　问题二：下图中哪些线互相平行？哪些线互相垂直？

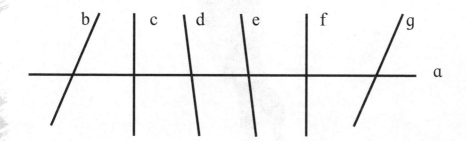

121

问题一：第一组的两条直线无限延长后，永不相交，是平行线。第二组是折线，第三组是两条曲线，都不能说是平行线，平行线必须是直线。第四组的两条直线相交且垂直。第五组的两条直线相交。

问题二：互相平行的是 b 和 g，c 和 f，d 和 e。互相垂直的是 c 和 a，f 和 a。

判断两条直线相交、平行或垂直，要牢记平行和垂直的特点，仔细观察，才能判断准确哦！